U0338385

传技之道

传播学视角下的手工技艺师徒传承研究

孙明洁 著

文化艺术出版社
Culture and Art Publishing House

图书在版编目（CIP）数据

传技之道：传播学视角下的手工技艺师徒传承研究 /
孙明洁著. — 北京：文化艺术出版社，2024. 5
ISBN 978-7-5039-7604-9

Ⅰ. ①传… Ⅱ. ①孙… Ⅲ. ①手工艺－技艺传承－研
究 Ⅳ. ①TS959.2

中国国家版本馆CIP数据核字（2024）第086268号

传技之道
传播学视角下的手工技艺师徒传承研究

著　　者　孙明洁
责任编辑　叶茹飞
责任校对　董　斌
书籍设计　李亚琦
出版发行　文化艺术出版社
地　　址　北京市东城区东四八条52号　（100700）
网　　址　www.caaph.com
电子邮箱　s@caaph.com
电　　话　（010）84057666（总编室）　84057667（办公室）
　　　　　84057696—84057699（发行部）
传　　真　（010）84057660（总编室）　84057670（办公室）
　　　　　84057690（发行部）
经　　销　新华书店
印　　刷　国英印务有限公司
版　　次　2024 年 8 月第 1 版
印　　次　2024 年 8 月第 1 次印刷
开　　本　710 毫米 × 1000 毫米　1/16
印　　张　15
字　　数　200千字
书　　号　ISBN 978-7-5039-7604-9
定　　价　68.00 元

序

孙明洁是我在中国艺术研究院指导的手工艺史论方向的博士研究生。学位论文开题时，她选择了一个偏重理论且带有学科交叉性的课题，试图从传播学视角来探讨手工技艺师徒传承问题。这个研究选题颇有新意，有助于换一个角度来考察手工技艺的传承过程及机制，发现设计学视角所不易发现的问题，并由此提出有利于技艺“信息”传递却不为以往所关注的方式方法。选择这一理论研究课题固然于手工艺理论研究的推进或丰富有其学术价值，但是研究难度显而易见，而以学位论文写作来问难，无疑充满挑战，需要很大的学术勇气。对于原先没有传播学专业学习经历的明洁来说，要想在学科交叉的路向上获得并非“为方法而方法”的新见地来，就得装备好一副传播学的“眼镜”，这是她首先需要解决的难题。好在明洁心性沉静，治学勤勉，舍得下苦功夫，能够在问难的研究过程中大力弥补自己的短板，坚忍不拔地去攻克种种困难和各个难点。经过长时间悉心研读专业经典，在中国传媒大学认真听课并虚心向诸多专家学者请教，她对传播学的相关理论与方法有了相当程度的掌握，同时深入手工技艺师徒传承现场进行深入的调查研究，以至理论与实际相结合，较为圆满地实现了自己的预期目标，为手工艺理论研究做了一项兼有探索性和建设性的工作。

传播学是研究人类如何运用符号进行社会信息交流的学科。在明洁看来，社会生产实践领域的手工技艺也是一种信息，只不过它是一种具有身体性和体验性的特殊信息；而手工技艺的师徒传承活动则也是一种传播行为和传播过程，其实质是师徒之间通过口传身授方式进行的关乎手工艺知识、经验和技能等信息的交流活动。她意识到，为解决如何实现高效、优质、准确的信息传递问题，传播学已经形成一套完整的科学方法论和规律性认识，对于同样面临高效、优质、准确地传递信息问题的手工技艺师徒传承活动，借鉴传播学理论与方法来作一番探索，以期科学地把握手工技艺师徒传承的规律性，是可行且有积极现实意义的。而换一个角度说，把手工技艺纳入传播学的“信息”范畴，抑或在传播学研究方面也是一种不乏探索性的尝试。

在本书中，明洁对手工技艺作为一种承载于人的特殊信息的基本要素、特性、传播过程及传播要求，以及传播者（师父）、传播内容（手工技艺）、传播媒介（言语、身体等）、受传者（徒弟）与传播效果之关系，作了系统考察和深入分析。她细致地厘析出师徒传承过程中影响其传承效果的有利因素与不利因素（“噪声”），并针对技艺类非物质文化遗产的传承实践，尝试从信息传递角度提出合乎手工技艺师徒传承规律和特性的建议。她的基本主张是，手工技艺师徒传承活动即既要减少传播过程中的“噪声”又要建构传受双方的“共通的意义空间”，这意味着一方面要从宏观层面营造适宜信息传递的物质和人文环境，又要从微观层面强化传受双方的“同体观”效应，并运用一些符号化认知手段。应该说，明洁的这部著作在研究方法和学理认识上不乏创新性，或可为科学地把握师徒传承实践，尽可能高效、优质、准确地实现手工技艺信息传递，提供一些思想启发和路径指引。无论如何，作为青年学者锐意探索、大胆进取的研究成果，这部著作自有其学术意义和实践价值，值得从事技艺类非物质文化遗产传承实践和研究工作的同仁关注。

《传技之道——传播学视角下的手工技艺师徒传承研究》付梓在即，可喜可贺，期望明洁再接再厉，不断追求学术理想，在未来的治学道路上取得更加优异的成果。

吕品田

中国美术学院特聘教授、中国艺术研究院研究员

2024 年 7 月 16 日于北京

目　录

绪　论

一、问题与意义

中国共产党的十八届五中全会通过的《中共中央关于制定国民经济和社会发展第十三个五年规划的建议》明确提出“构建中华优秀传统文化传承体系，加强文化遗产保护，振兴传统工艺”，为传统手工艺的传承与发展指明了战略方向。2017 年 3 月 24 日，文化部、工业和信息化部、财政部共同印发的《中国传统工艺振兴计划》为促进中国传统工艺的传承与振兴提供了具体的政策指导。“振兴传统手工艺”受到政府高度重视，成为国家探寻现代文明发展模式及促进文化建设的发展政策。手工艺是非物质文化遗产的重要组成部分，它承载祖辈的造物智慧，反映民众的生活态度与价值观，表现出“敢于改造客观世界的劳动人民的值得肯定的品格”[①]，为我们营造出一个具有传统文脉、情感温度的世界。传统手工艺的振兴契合我国国情，有助于解决当下工业化快速发展所带来的诸多生态问题，有助于扭转民众精神危机的现状。“振兴传统手工艺”的重要前提是“传承

① 王朝闻:《喜闻乐见》，作家出版社1963年版，第164页。

传统手工艺”。没有传承，何谈振兴！2022 年 6 月 23 日，文化和旅游部、教育部、科技部、工业和信息化部等十部门联合印发《关于推动传统工艺高质量传承发展的通知》，要求深化推进中国传统工艺振兴，推动传统工艺高质量传承发展。特别是当下正处于现代文化转型的持续进程中，要牢牢守住保护与发展的根基和底线，保护民族文化的活态因子——作为手工技艺传承载体的传承人，他们是手工技艺文脉的真正灵魂与核心，是避免“人亡艺绝”、传承断代危机的关键因素。所以，手工技艺传承人的培养与传承工作尤为重要。

但是，目前传统手工技艺的传承状况不容乐观，面临着传承效率不高、核心技艺有所流失、技艺传承后继乏人的危机。亟待通过考察和研究来解决的问题有许多，比如手工技艺传承的内部结构与运行是否出现问题？手工技艺传承的社会语境发生了哪些变更？如何保持技艺传承的完整性、准确性与高效性？

回顾历史，手工艺在漫长的以宗法血缘关系为纽带的传统社会中，为恪守和延续核心技艺形成以血亲关系或拟血亲关系为主的传统师徒传承方式。作为承袭者的家庭成员或学徒形成以师父为中心的等级森严的宗法小社会，他们在耳提面命、如影随形的相处中结下深厚的感情。在中国传统社会，文化生态环境相对稳定，在传统手工技艺的传承中，“血缘关系可能给语言相教、身体示范的教育方法产生助力……师徒之间的技艺传承关系因生产生活中的零距离接触和感情磨合而变得不那么刻意、不那么费力，所谓‘不肃而成’就是这个意思”[①]。这使技艺传承既有保守性与垄断性，又使得传承内容除了技艺本体外，还包含着技艺的延伸内涵，即在中国传统文化语境中技艺所附含着的工艺精神、规矩范式及品格塑造等，这可谓是技艺信息的全方位传承。但是在以工业生产方式为现实基础的现代

---

① 邱春林:《中国手工艺文化变迁》，中西书局2011年版，第272页。

化社会，人们的生活方式与需求发生变化，传统的师徒传承方式也面临着它所依存的社会生态系统发生变迁的问题，日渐丧失其完整性。新的时代环境虽然也催生出了由政府主导的院校教育、社会培训等传承途径，但院校教育的标准化教学并不符合手工技艺活态、多元化的发展特性。手工技艺代际传承仍然处在困境之中，成为一个必须严肃对待的社会实践课题。通过分析中国手工技艺的变迁与在当代的师承困境可知，"师徒传承"具有一定的传承优势，但是在当代环境下仍存在诸多棘手问题亟待解决。所以，如何考察、分析与判断手工技艺师徒传承的构成要素、传承过程、阻碍因素与传承效果，逐步完善符合手工技艺特征的高效优质的传承方式，是有待进一步思考与研究的问题。

本书选用传播学视角，是因为传播学是研究人类如何运用符号进行信息交流的学科[①]，发展至今已成为一门比较完善与系统的学科，能比较理性与客观地给社会传播活动提供一定的理论指导，也为相关人文社会学科的理论创新和知识创新提供新的动力与研究视角。他山之石，可以攻玉，本书借鉴与运用传播学相对完善的信息传播理论，对手工技艺师徒传承展开研究，希望可以拓宽设计学与传播学彼此的研究视域，同时加深对自身学科规律的认识。

一方面，可以拓宽设计学的研究视域。

对于手工技艺师徒传承，学界已从设计学、社会学、历史学等学科视角进行了相关研究。运用传播学的相关理论与方法，可以发现设计学及其他学科所不易发现的问题，并提出解决相同问题的不同方式和方法。传播学视角下的"手工技艺"是承载于人的身体上的一种特殊信息，"传承"是师徒之间关于手工技艺信息的传播行为，"师徒传承"的目的就是保持

---

① 传播学是20世纪出现的一门新兴社会科学，直到20世纪中叶，传播学才成为大学的正规课程。郭庆光:《传播学教程》(第二版)，中国人民大学出版社2011年版，第1页。

技艺信息准确、客观与有效地传播。如何解决这个问题？传播学在信息传递方面已经形成的一些规律性的认识与理论方法，有助于我们在研究师徒传承中的信息传播问题时借鉴与展开思考。本书通过对技艺信息的传播特点、过程与效果的辨析与判断，探索手工技艺信息的传播规律。这种根植于传播学的解读方式可以进一步加深对手工技艺本质、规律与特点的认知，拓宽设计学的研究视域与思考维度，具有一定的创新性与探索性。

另一方面，可以拓宽传播学的研究边界，丰富传播学理论。

首先，对手工技艺师徒传承的研究可以拓宽传播学的研究边界。传播学是解决空间性信息流动问题的学科，本书引入纵向的传承维度在某种意义上是对传播学的一种拓展。传播学本不处理纵向传承问题，但是手工技艺师徒间的代际传承又是处于同一空间维度内的人际传播活动，这种代际的纵向传承也会在截面上表现出横向的空间性交流状态，借鉴传播学视角有利于更好地考察、研究二者的关联性与共识。而且，手工技艺师徒传承是传与受、告与知的关系，符合传播学对研究对象的界定。美国传播学的奠基人威尔伯·施拉姆说，传播首先就是研究人，其次是研究人与人之间的告与知、传与受之间的相互影响的关系。由此而言，手工技艺师徒传承也是一种典型的传播行为。

其次，对手工技艺师徒传承的研究可以在内容上丰富传播学中的传播类型。文化传播、教育传播、广告传播等都是以内容为依据划分的传播类型。手工技艺师徒传承作为一种特殊信息的传播行为，既是一种文化传播，也是一种技术教育传播，同时，又因手工技艺信息的身体性与实践性的特征可以将其划分为单独的传播类型，进行深入性的门类研究，从而丰富传播类型，拓宽传播学的研究边界。传播学在我国的研究起步较晚，20世纪80年代我国才开始展开对传播学相关理论的研究，在相关基础理论与应用理论等领域尚存有较大的研究空间，这种学科间的借鉴与协作在一定程度上可以弥补与扩展传播学的研究空间。

因此，基于传播学视角研究手工技艺师徒传承有其可行性与学理性，研究成果有望给予手工技艺传承与保护工作切实有效的理论指导，也为当前手工技艺教育的研究提供一个新视角与切入点，同时有助于拓宽传播学研究边界，故本研究具有一定的探索性。

二、理论界定

本书对手工技艺师徒传承展开讨论，把“手工技艺”置于传播学视域中，探索其作为信息的特殊属性以及传播规律与传播效果，从而揭开手工技艺师徒传承的神秘面纱，为实现师徒高效优质传承提供一种理论依据和相关对策建议。其涉及的“手工技艺”“传承”“师徒传承”等概念，亦非泛泛而指，因其涉及传播学内容故需做专业术语转换与理论界定以便下文论述。

（一）“手工艺”与“手工技艺”

手工艺是一个涉及实践形态的大概念，凡指“以手工方式将天然原材料加工、制作成生产生活用品并世代相传的工作、方法、技术和技巧”[①]。四层含义涉及不同意义上对手工艺的界定，如“工作”是从职业角度来看待的，手工技艺指代的是其中最核心的要素——技术和技巧。技术是指人类在劳动生产或其他操作层面上的经验、知识和技巧；而技巧是工艺过程中解决问题的关键性方法和诀窍。因此，基于上述概念的内涵，本书将手工技艺定义为：手工艺人按照预定目的依据自然规律对物质材料进行加工、处理与制作，创造出形态万千的手工艺品类的技术手段、诀窍、经验与知识。

---

① 王文章主编:《中国非物质文化遗产大辞典》，崇文书局2022年版，第46页。

“技艺”在字面上是技巧、才艺之意，是“技术”与“艺术”的统一。技术，如上所述，是人类在劳动生产方面的经验、知识和技巧，德国社会学家M.韦伯认为：“某项活动的技术是我们头脑中对该项活动进行实施的必要手段的总和。”[①] 艺术是对现实的反映，是审美意识的表现，并且是一种集中化了的和物质形态化了的表现。“在古代社会，由于精神劳动和物质劳动的朴素统一，‘技’与‘艺’是不分的。高度熟练的劳动技能，在这时作为人支配、掌握自然力的一种创造性的活动，同时也具有艺术的意义。”[②] 因此，技艺的组成要素，既有关涉核心技艺的技能要素如工具运用、技法招式、工序流程等，也包括智能要素如技能诀窍等。可见，“手工技艺”涵盖内容广泛，既包括“技”也包括“艺”。

从传播学视角来看，技艺也是一种信息，它具有一般信息的基本属性。首先，手工技艺信息由符号与意义组合而成，需要以语言、动作等符号形式表现其意义；其次，手工技艺信息也需要在传播者（师父）与受传者（徒弟）之间进行信息的编码、传递与译码活动。只不过它是一种契合于手工技艺特征的特殊性信息，本书根据其特性将它划分为客观性、可感知的显性信息内容和“只可意会，不可言传”的隐性信息内容。

（二）“传承”与“传播”

在古代汉语中，“传承”一词作为固定词语运用较少，其含义多以“传”或“承”单体字来表示。“传”有传递、传送、传授、留传等意；“承”，许慎《说文解字》中说：“承，奉也，受也。”[③] 故“承”主要有捧着、接受、承载、承担等意思。“传承”一词在现代汉语中使用较晚，《现代汉语词典》中释义为：传授和继承。但在日本语中，“传承”是出现较早的

---

① ［法］让－伊夫·戈菲：《技术哲学》，董茂永译，商务印书馆2000年版，第22页。

② 王朝闻主编：《美学概论》，人民出版社2015年版，第120页。

③ （东汉）许慎原著，马松源主编：《说文解字》第1册，线装书局2016年版，第80页。

一个现代汉字词，《日汉大辞典》释义："口传，口头相传，世代相传。"[①] 日本民俗学奠基人柳田国男在《民间传承论》中认为："'传承'的含义一般指人类特有的传递的能力与机制，以及在人类社会代与代之间文化的传递和群体与群体之间文化的传播。"[②] 在释义中，传承被理解为一种文化信息的传播活动。那么，"传承"与"传播"两个概念间又有何关系？

传播学中的"传播"一词是从英语"communication"翻译过来的，原意中包含着通知、传达、传授、传染、联络、共享等意思。学界对于"传播"的定义多至上百种，且各有侧重。例如1988年出版的我国第一部《新闻学词典》将传播定义为："一种社会性传送信息的行为……是个人之间和集体之间以及集体与个人之间交换、传递新闻、事实、意见的信息过程。"[③] 邵培仁在《传播学》中则将"传播"定义为："传播是人类通过符号和媒介交流信息以期发生相应变化的活动。"[④] 综合上述定义，可得知对"传播"的共性认识：传播是人类（自身及相互之间）通过传送与接收的行为使信息流动的过程。

传承是代际的纵向传递活动，传播是空间性的横向信息流动。两个概念代表着不同的研究维度，传播学本不处理纵向传承问题，但是师徒间的代际传承活动在截面上又表现出横向的空间性交流状态。因此，两个概念出现了交集与共识，从这个角度来看，传承也是一种信息传播活动。"手工技艺传承"转换为传播学专业术语就是"手工技艺信息传播"。故本书论述的"手工技艺传承"主要是指师父与徒弟之间的信息流动与传播。

---

① 陈涛主编：《日汉大辞典》，机械工业出版社1991年版，第1263页；转引自普丽春《少数民族非物质文化遗产的教育传承研究——以云南省为例》，民族出版社2010年版，第32页。

② 高涵、陈蓓、姜云：《农村手工艺代际传承的职业教育发展对策——以湘西土家织锦技艺为例》，《职业教育研究》2017年第12期。

③ 余家宏等编写：《新闻学词典》，浙江人民出版社1988年版，第196页。

④ 邵培仁：《传播学》，高等教育出版社2000年版，第30页。

（三）师徒传承

“师徒传承”是人类将在劳作实践中积累的专门性知识、技艺或经验向年青一代传授，以保障技艺内容延续与人类生存的教育活动。在其发展过程中逐渐被制度化、体系化为一种特定形式，称为“师徒制”。《中国教育百科全书》中将其定义为：“师徒制指将生产操作技能传授给他人的教育行为制度化。传授者为师，被传授者为徒。”[①]“师教人以道者之称也。”[②]“古今学有大小，盖未有无师而成者也。”[③]故“师”可以理解为传授知识或技艺的人，“徒”为学习与接受知识或技艺的人。“师徒”的具体指代对象涉及“师徒传承”在外延上的涵盖范畴。通常意义上的“师徒传承”是师徒之间非血缘关系但模拟血缘关系并依据契约所形成的传授活动。外延更为广泛的“师徒传承”包括具有血缘关系的家族传承与非血缘关系的师徒传承等多种形式的传播活动。本书不拟在历史语境或门类研究中讨论师徒传承问题，只是在学理上探讨“师徒传承”的传播学共性特征，故本书把“师徒传承”作为一个技艺信息传播活动的整体性概念来看待，只有在行文论述中关涉到二者（师徒传承与血缘传承）的不同之处，如父子间的“同体观”效应比之师徒的传播效果更加鲜明等内容时，会进行相应的区分以着重论述其特点，故本书的“师徒传承”是指为师者将手工技艺相关信息传授给徒弟的一种信息传播活动。

---

① 张念宏主编：《中国教育百科全书》，海洋出版社1991年版，第90页。

② 《周礼注疏》，中华书局2020年版，第331页。

③ （明）黄宗羲著，沈善洪主编：《黄宗羲全集》第10册，浙江古籍出版社2012年版，第513页。

三、研究史概述

（一）手工技艺传承理论研究

近年来，学界对手工技艺的传承问题较为关注，也取得了一定的研究成果。目前对手工技艺传承的研究主要涉及三方面内容：一是对传承主体——传承人的研究；二是对传承内容，即手工技艺本体的研究；三是对传承模式与传承方式的研究。

首先，关于传承主体的研究方面。手工技艺传承的焦点就是对传承人的研究问题。传承人是手工技艺的传承主体，是民间传统文化艺术的继承者与载体，他们是个人或者群体，并掌握着具有传承意义的民间传统艺术或精湛的民间传统技艺，并具有极高水准。[①] 传承人是发送与控制技艺信息的人，居于信息传播过程中的主导性地位。目前学界关于手工技艺传承人的研究著述颇丰，如王文章主编的《中国工艺美术大师全集》，该丛书以人为本、以点带面，通过口述史的形式再现了数十位工艺美术大师的学艺经历、创作构思与制作过程等，是对当代中国工艺美术大师技艺经验的整体性总结。张道一总主编的《中国工艺美术大师》，分别介绍手工技艺行业领域内各技艺门类中国工艺美术大师的生平、著述、言论、作品和技艺，总结技艺风格，展示大师风范。潘鲁生主编的《中国手艺传承人丛书》，以手艺传承人为研究对象，通过对手艺传承人技艺绝活的全面梳理，系统阐述人、技艺、环境、材料、工具等手艺核心要素之间的特殊关系。所以，以技艺为核心，以传承人为主导是构建与完善活态传承系统，推动手工技艺当代传承与发展的关键。

其次，关于传承内容的研究方面。传承内容是传承的对象或传播的信息内容，即手工技艺本体研究。长期以来，学界对于手工技艺的关注与研

---

① 参见王文章主编《非物质文化遗产概论》，文化艺术出版社2006年版，第347页。

究，一方面多侧重于从工艺史学角度开展研究，侧重于从宏观层面对其不同历史时期的发展与总体特点进行归纳与梳理，如《中国工艺美术史》[①]《唐代工艺美术史》[②]《中国陶瓷美术史纲》[③]等。另一方面，从工艺角度对某一类手工技艺开展研究，侧重于对工具使用、技法招式、工艺流程以及技艺风格的记录与理论总结，探索手工技艺的发展特色与工艺进步，如《漆器工艺技法撷要》[④]《工艺美术技法讲话》[⑤]《中国传统手工技艺丛书》《中国传统工艺全集》[⑥]等。

当代工艺美术与手工技艺的相关理论成果也有助于本书进一步加深对手工技艺的认识与解读。如吕品田的《必要的张力》[⑦]《动手有功——文化哲学视野中的手工劳动》[⑧]，徐雯吕品男的《传统手工艺》[⑨]等。文集《必要的张力》系统地汇集了作者对工艺美术、手工技艺的真知灼见，其论题的典型性与观点的深刻性给予本书重要的学理性借鉴，其中，《独运匠心——中国传统工艺思想略论》《王朝闻工艺美术思想试探》《"手"与手工文化建设》等文章给本书思路提供了重要的理论参照与指导。《动手有功——文化哲学视野中的手工劳动》从文化哲学角度对手工劳动、手工技艺进行了深入的、哲学思辨性的剖析与研究，从工具"在手"的无间性与工力"在身"的不逆性阐述了"手""手工""手工技艺""手工生产方式"的身体特性与人文意义，这极有助于本书拓展对手工技艺学理性思考的深

① 田自秉：《中国工艺美术史》，东方出版中心2004年版。
② 尚刚：《唐代工艺美术史》，浙江文艺出版社1998年版。
③ 邓白执笔，工艺美术教材组编选：《中国陶瓷美术史纲》，1964年。
④ 沈福文：《漆器工艺技法撷要》，轻工业出版社1984年版。
⑤ 雷圭元：《工艺美术技法讲话》，正中书局1948年版。
⑥ 路甬祥总主编：《中国传统工艺全集》，大象出版社。
⑦ 吕品田：《必要的张力》，重庆大学出版社2007年版。
⑧ 吕品田：《动手有功——文化哲学视野中的手工劳动》，重庆大学出版社2014年版。
⑨ 徐雯、吕品田：《传统手工艺》，黄山书社2012年版。

度与广度。邱春林的《设计与文化》[①]《中国手工艺文化变迁》[②]针对“共享性技术”“核心技艺”“手工艺的传承与开发”等手工技艺关键性问题进行深入浅出的论述与例证。此外，张道一的《设计在谋》[③]，庞薰琹的《庞薰琹工艺美术文集》[④]，日本民艺学家柳宗悦的《工艺文化》[⑤]《工艺之道》[⑥]，杭间的《手艺的思想》[⑦]《中国工艺美学思想史》[⑧]以及方李莉的《新工艺文化论：人类造物观念大趋势》[⑨]等工艺美术理论著述加深了本书对手工技艺的内涵与外延的理解与认识，拓宽了本书对手工技艺的思考维度与人文视野，为分析与解决手工技艺传承问题提供了诸多层面的理论参考。

最后，关于传承模式与传承方式的研究。模式是指一种典型的类型和具有参照性的范式，传承模式是指解决传承这一问题的方法论，而传承方式则指传承者在传承方面所采用的具体方法。手工技艺的传承方式主要有口传心授、言传身教、文本传承等多种类型，它们可以统归到一定的传承模式中，比如师徒传承模式和院校传承模式等。在目前的研究成果中，有些学者从学理层面进行理论探索与辨析，如中国政法大学臧小戈的《从传承模式谈传统手工艺保护机制的建立》[⑩]以家族传承与师徒传承为关注对象，阐述了当代传承模式中存在的突出问题，诸如技艺权威性与资源分配的过度集中等，并在分析问题的基础上提出保护传统手工艺与建立当代手

---

① 邱春林：《设计与文化》，重庆大学出版社2009年版。

② 邱春林：《中国手工艺文化变迁》，中西书局2011年版。

③ 张道一：《设计在谋》，重庆大学出版社2007年版。

④ 庞薰琹：《庞薰琹工艺美术文集》，轻工业出版社1986年版。

⑤ [日]柳宗悦：《工艺文化》，徐艺乙译，中国轻工业出版社1991年版。

⑥ [日]柳宗悦：《工艺之道》，徐艺乙译，广西师范大学出版社2011年版。

⑦ 杭间：《手艺的思想》，山东画报出版社2001年版。

⑧ 杭间：《中国工艺美学思想史》，北岳文艺出版社1994年版。

⑨ 方李莉：《新工艺文化论：人类造物观念大趋势》，清华大学出版社1995年版。

⑩ 臧小戈：《从传承模式谈传统手工艺保护机制的建立》，《南京艺术学院学报（美术与设计）》2019年第2期。

工艺活态传承体系的应对机制。相关成果还有《“手工艺”传承方式多样化思考》[①]等。有些学者通过对具体技艺门类的调研与考察，展开对传承模式与传承方式的个案研究，如《民居营造技艺认知与传承方式浅议》[②]《恩施州民间艺术活态传承模式研究》[③]等。对传播模式的研究，有助于进一步加深对传承理论与实践应用的微观认知与学理分析。本书的研究对象主要聚焦于师徒传承模式的传播学研究层面，力图以相对微观的切入点展开更加细致与深入的论述。

（二）师徒传承理论研究

目前学界对于师徒传承的研究，大体可以划分为宏观视角与微观视角两个方面。

宏观视角方面，主要分析师徒传承与政治、经济、文化等制度形态之间的相互影响、相互制约的关系，如南开大学的王星在《现代中国早期职业培训中的学徒制及其工业化转型》论文中“以政治经济学视角研究师徒传承，分析了师徒之间的政治行为如何影响师徒传承的效果，并深入探讨了决定继承方式及继承效率的制度性影响因素”[④]。《基于师徒制的教师知识转移研究》[⑤]从教育学视角探讨成熟教师与新教师之间的师徒传承问题，通过对教师知识构成、知识转移的方式和方向等问题进行反思与论述，力图解决教师“知道什么”“怎么做”“怎么思维”的问题，为本书提供了指导性思考方向的参考。手工技艺师徒传承其实就是关于技艺信息的转移

---

① 王晓珍:《“手工艺”传承方式多样化思考》,《民艺》2018年第3期。

② 吕品晶:《民居营造技艺认知与传承方式浅议》,《建筑技艺》2018年第5期。

③ 田发刚、王大超、陈力主编:《恩施州民间艺术活态传承模式研究》，武汉出版社2016年版。

④ 王星,《现代中国早期职业培训中的学徒制及其工业化转型》,《北京大学教育评论》2016年第3期。

⑤ 陈群波:《基于师徒制的教师知识转移研究》，博士学位论文，华东师范大学，2016年。

问题。

微观视角方面，学者多从师徒互动关系、师徒认知特征等方面，分析师徒制内部的运行与互动机制。这些研究视角增进了本书对师徒传承的内涵与外延的深入性理解，也为本书的师徒传承研究提供了认知基础与理论框架。另外，微观层面还涉及师徒传承在具体行业中的理论与应用研究。师徒传承广泛应用于中医、武术、艺术、手工艺等不同领域的教育活动之中。例如在美术教育领域，“师徒相授”“父子相传”是促进我国传统绘画技法与艺术精神传承与发展的重要方式与手段。《师徒制：中国现代美术教育的乡愁》[①]《技艺 VS 记忆——美术教育传承“非遗”之问题研究》[②]等成果都在探讨师徒传承美术教育模式的历史发展、独特价值、现实意义以及不可回避的历史局限性。手工艺与美术同属艺术学科，在传承技艺、文化内蕴、师徒关系等方面存在着诸多一致性，这给本书提供了重要的参考价值。可以说，以技艺点拨、工艺传授为核心纽带形成的师承关系网络，是我国传统社会里与血缘亲情网并置的重要关系存在类型，也是所有技艺跨血缘存续的重要方式。这些研究成果与观点为本书关于手工技艺师徒传承的研究打开了一个宏观的视野。手工技艺师徒传承虽然有着一般师徒关系的共性因素，但也有着契合其自身特点的独特性视角与研究现状。

关于手工技艺师徒传承方面的研究，主要集中在以下几方面：

第一，手工技艺师徒传承的本体性研究方面，从宏观视角对传统师徒传承的发展历史、特点、体制等进行梳理与论述，如《箕裘相继——民间传统技艺家传制度研究》[③]《传统手工艺学徒制度之探寻》[④]《传统工艺核心技

---

① 吴杨波：《师徒制：中国现代美术教育的乡愁》，《美术观察》2017年第10期。

② 张莹莹：《技艺VS记忆——美术教育传承“非遗”之问题研究》，《装饰》2010年第12期。

③ 路宝利、赵友、宋绍富：《箕裘相继——民间传统技艺家传制度研究》，《职业技术教育》2011年第31期。

④ 郭艺：《传统手工艺学徒制度之探寻》，载苏州大学非物质文化遗产研究中心编《东吴文化遗产》第4辑，上海三联书店2013年版。

艺的本质与师徒传承》[①]等都是近年来的相关研究成果，为本书提供了一定的理论基础与参考。

第二，传统与现代的对比研究，并基于师徒传承的发展现状与困境，提出师徒传承于现代发展的出路与对策。如吕品田的《以学历教育保障传统工艺传承——谈高等教育体制对“师徒制”教育方式的采行》，文章提出“师徒制”是切合手工技艺传承特点与要求的教育方式，但是在现代国民教育体系建立后，被排除在学历教育体系之外的传承实践出现了难以为继的危机，要想解决这种问题，“就需要利用高等教育体制现行的‘导师制’，实质性地采行保持传统作风和切实功效的‘师徒相传’教育方式”[②]，即以学历教育保障传统工艺传承。这种理论思考与践行方式使师徒传承与现代教育相结合，为手工技艺师徒传承在当代的发展探索出一条可行性出路，为本书提供了具有重要参考价值的理论依据。

第三，在微观层面，通过对某一种类手工技艺师徒传承现状的综合性考察，进行具有针对性的个案研究。如《非物质文化遗产保护视角下的师徒传承制——以海上书家为例》[③]通过个案调研与分析，阐述传统师徒制的特点、师徒双向选择机制以及师徒教育方法等方面内容，探讨师徒传承的实际运作情况与当代价值。这些研究成果对某一具体门类的手工技艺传承现状与发展流变阐述得较为清晰与翔实，但并未对师徒传承的本质展开学理性辩争与思考，缺乏更高一层的理论性把握与提升。

综上所述，手工技艺师徒传承在不同研究视角、研究层面和研究方法上所获得的研究成果颇丰，为本书提供了丰厚的理论基础与参考价值，但

---

① 谢崇桥、李亚妮：《传统工艺核心技艺的本质与师徒传承》，《文化遗产》2019年第2期。

② 吕品田：《以学历教育保障传统工艺传承——谈高等教育体制对“师徒制”教育方式的采行》，《装饰》2016年第12期。

③ 吴雯婷：《非物质文化遗产保护视角下的师徒传承制——以海上书家为例》，硕士学位论文，华东师范大学，2016年。

仍留有进一步研究的空间。首先，现有研究成果多呈现出零散性的实践经验总结，理论研究缺乏系统性与完整性，有待进一步拓展深化；其次，研究视角也有待丰富多样。目前对手工技艺师徒传承的研究多集中于艺术学、教育学等视角，鲜有传播学视域的系统阐述。涉及将手工技艺作为一种可传递的特殊信息，而研究其传播过程、传播规律与传播效果的著述尚不多见，更未见专门性研究，这也凸显了本书的研究意义。

（三）传播学理论研究

首先，传播学基础理论研究方面。传播学科的创始人、被称为“传播学鼻祖”的美国学者威尔伯·施拉姆（1907—1987），将新闻学与社会学、心理学等学科有效综合起来进行研究，归纳、修正并使之系统化，从而创立了“传播学”。他将自己的所思所得汇聚于著作《传播学概论》[①]中，对传播者、受传者、传播媒介等内容进行了深入辨析，该著作成为传播学的奠基之作，给予本研究重要的理论参考价值与启发。清华大学新闻与传播学院郭庆光教授的《传播学教程》[②]，综合国内外传播学的最新研究成果，梳理与阐释人类社会的信息传播活动，对人内传播、人际传播、大众传播等理论课题进行深入的剖析，勾勒出传播学的基本理论体系和框架。此外，《传播学总论》[③]《传播学原理与应用》[④]《传播理论：起源、方法与应用》[⑤]《传播心理学》[⑥]《人际传播学》[⑦]等传播学基础理论著作，为本研究全面了解传播学的发展史与发展规

---

① ［美］威尔伯·施拉姆、威廉·波特：《传播学概论》（第二版），何道宽译，中国人民大学出版社2010年版。

② 郭庆光：《传播学教程》（第二版），中国人民大学出版社2011年版。

③ 胡正荣、段鹏、张磊：《传播学总论》，清华大学出版社2008年版。

④ 戴元光、邵培仁、龚炜编著：《传播学原理与应用》，兰州大学出版社1988年版。

⑤ ［美］沃纳·赛佛林、小詹姆斯·坦卡德：《传播理论：起源、方法与应用》（第四版），郭镇之、孟颖等译，华夏出版社2000年版。

⑥ 韩向前：《传播心理学》，南京出版社1989年版。

⑦ 薛可、余明阳主编：《人际传播学》，同济大学出版社2007年版。

律，构建研究结构与理论框架奠定了基础。

其次，传播学门类研究方面。传播学内容广泛，涉及社会生活中的诸多理论与实践课题。相关教育传播、传播媒介、受众研究等领域的研究成果都给本书提供了一定的理论基础与研究方法。

教育传播研究：手工技艺传承是一种师徒之间进行信息传播的过程，也是一种关于技术的职业教育活动，所以，本书参阅了大量关于“教育传播学”的相关理论著作，如南国农、李运林编著的《教育传播学》[①]，邵培仁主编、叶泽滨等著的《教育传播学》[②] 等，教育传播学旨在运用传播学理论探索和研究教育信息的传播过程与规律，以期取得最优化的教育效果，这也是手工技艺传承的关注问题与最终目的。这些著作对传播学相关理论与概念予以深入浅出的阐释，给本研究提供了传播学的宏观视野与系统知识，也为本书对传播学理论的应用与方法论的借鉴提供了研究思路。

传播媒介研究：20 世纪原创媒介理论家马歇尔·麦克卢汉在其经典著作《理解媒介——论人的延伸》[③] 中把传播媒介作为推动历史发展的主要动因，重视媒介对社会的隐蔽的力量，他提出的“媒介即讯息”和“地球村”两个观点影响至今，为本书打开了了解手工技艺信息传播媒介的宏观视野。国内著作《媒介分析——传播技术神话的解读》[④] 对不同媒介的传播规律进行了系统分析，对每一种媒介的物理属性、受众的感知方式、思维方式及行为方式进行了详细分析。此外，《媒介哲学》[⑤]《媒介批评》[⑥]《媒介

① 南国农、李运林编著：《教育传播学》，高等教育出版社 1995 年版。

② 邵培仁主编，叶泽滨等著：《教育传播学》，南京大学出版社 1992 年版。

③ [加]赫伯特·马歇尔·麦克卢汉：《理解媒介：论人的延伸》，何道宽译，商务印书馆 2000 年版。

④ 张咏华：《媒介分析——传播技术神话的解读》，复旦大学出版社 2002 年版。

⑤ 王岳川主编：《媒介哲学》，河南大学出版社 2004 年版。

⑥ 李智：《媒介批评》，中国传媒大学出版社 2016 年版。

传播理论》[①]《媒介文化传播》[②]等论著，《元媒介与元传播：新语境下传播符号学的学理建构》[③]《“在媒介之世存有”：麦克卢汉与技术现象学》[④]等期刊文章通过对传播媒介的论证与探讨，为本书提供了研究思路与丰富的资料。在此基础上，对传播媒介的进一步细化与深入，涉及身体媒介、语言传播等形式，相关研究成果有：《身体传播》[⑤]，此著述从传播学角度研究身体，身体是最天然、最综合的传播媒介，也是手工技艺信息传播的最主要的传播媒介。通过全面考察人的身体的交流系统、身体传播的特征、身体与传播媒介的关系等，为手工技艺“言传身教”式的传承方式，提供了传播学的认知角度与理论深度。《传播美学视野中的界面与身体》[⑥]，此著述肯定身体作为人类传播活动的界面所起的作用，没有身体就没有传播活动，传播者和受传者作为传播主体，是依托于身体而存在的，侧重于研究传播界面中身体的存在样态和人类的内心感受。此外，关于身体媒介研究的中外著述还有《具身认知》[⑦]《梅洛－庞蒂具身性现象学研究》[⑧]《身体与社会》[⑨]《知觉现象学》[⑩]；语言与非语言媒介的相关著述有《指号、语言和行为》[⑪]《传播语言学》[⑫]《非言语交际概论》[⑬]等，这些文献资料为本书论述手工技艺信息

---

① 吴磊：《媒介传播理论》，中国传媒大学出版社2017年版。

② 陈默：《媒介文化传播》，中国传媒大学出版社2016年版。

③ 赵星植：《元媒介与元传播：新语境下传播符号学的学理建构》，《现代传播》2018年第2期。

④ 戴宇辰：《“在媒介之世存有”：麦克卢汉与技术现象学》，《新闻与传播研究》2018年第10期。

⑤ 赵建国：《身体传播》，社会科学文献出版社2018年版。

⑥ 陈月华、王妍：《传播美学视野中的界面与身体》，中国电影出版社2008年版。

⑦ [美]劳伦斯·夏皮罗：《具身认知》，李恒威、董达译，华夏出版社2014年版。

⑧ 燕燕：《梅洛－庞蒂具身性现象学研究》，社会科学文献出版社2016年版。

⑨ [英]布莱恩·特纳：《身体与社会》，马海良、赵国新译，春风文艺出版社2000年版。

⑩ [法]莫里斯·梅洛－庞蒂：《知觉现象学》，姜志辉译，商务印书馆2001年版。

⑪ [美]查尔斯·莫里斯：《指号、语言和行为》，罗兰、周易译，上海人民出版社1989年版。

⑫ 齐沪扬：《传播语言学》，河南人民出版社2000年版。

⑬ 李杰群主编：《非言语交际概论》，北京大学出版社2002年版。

的传播媒介与传播效果的关系提供了大量的数据资料与研究方向。对本书需要解决的何种传播媒介最契合手工技艺的本质特征、何种传播媒介具有较高的传播效率等问题，传播学多能给予较为客观与理性的分析与解答。

再次，信息学、符号学研究方面。本书除运用传播学的相关理论外，还涉猎信息学、符号学等学科理论知识。传播者传递的是信息，信息必须编码为符号才能通过媒介进行传递，然后受传者再将符号译码为信息。所以，传播学与信息学、符号学是密不可分的关系。笔者主要研读了卡西尔的《人论》①，这是一部文化哲学著作，书中提出“人是符号的动物”的著名观点，重点论述了人与文化、符号之间的关系以及“符号功能”对人类生活的决定性作用等内容。意大利学者乌蒙勃托·艾柯的《符号学理论》②构建了一般符号学的理论体系，对“代码”“符号功能”“讯息”等问题进行了深入探讨。赵毅衡的《符号学原理与推演》③，对符号、意义、符号学等基础概念给予全新的界定，并强调符号学理论的分析应用，将符号学理论系统应用到文化研究领域，为本书理解符号的理论意义与应用研究提供了重要的理论基础。法国文化符号学家罗兰·巴特的《符号学原理》④，在结构主义基础上建构符号学理论，所建立的二级意指符号系统对符号理论有重要的深远影响，使其成为当代研究符号学与文艺理论的重要参考书目。《传播符号学》⑤《信息技术哲学》⑥《信息学概论》⑦等著作主要研究了信息的产生、组织、处理、传播和利用的原理、方法和规律，以及信息与社会的关系等。这些信息学、符号学文献资料为本书提供了较充足的理论知

---

① ［德］恩斯特·卡西尔：《人论》，甘阳译，西苑出版社2003年版。

② ［意］乌蒙勃托·艾柯：《符号学理论》，卢德平译，中国人民大学出版社1990年版。

③ 赵毅衡：《符号学原理与推演》（修订本），南京大学出版社2016年版。

④ ［法］罗兰·巴特：《符号学原理》，王东亮等译，生活·读书·新知三联书店1999年版。

⑤ 余志鸿：《传播符号学》，上海交通大学出版社2007年版。

⑥ 肖峰：《信息技术哲学》，华南理工大学出版社2016年版。

⑦ 邹志仁主编：《信息学概论》（第2版），南京大学出版社2007年版。

识与多维视角。

最后，手工技艺传播研究方面。运用传播学理论对手工技艺、工艺美术进行研究的著述与内容相对较少。中国社会科学院的沙垚作为传播学专业科班出身的、以手工艺为主要研究对象的为数不多的传播学者之一，其研究领域与成果主要集中在乡村文化与传统工艺的横向传播方面，这给予本书非常宝贵的理论指导与参考价值。例如《土门日记：华县皮影田野调查手记》[①]，通过深入民间对皮影艺术及艺人现状的调研，探索了皮影的传播方式与规律及存在的问题；论文《农民文化的复合表达——以关中皮影的传播实践为例》[②]《乡村文化传播的内生性视角："文化下乡"的困境与出路》[③]《乡村文化变迁：阶段、维度与意义——以华县皮影为例探索民艺传承的内在困境》[④]等都给予本书借鉴意义。艺术学、民俗学等相近领域的传播学研究也给本书提供了方法论层面的借鉴价值，如仲富兰的著作《民俗传播学》[⑤]，以及周福岩的《民间传承与大众传播》[⑥]邵培仁等的《艺术传播学》[⑦]等。

综上所述，从现有搜集与整理的资料来看，大部分学者的研究焦点与学术成果主要集中于横向空间性传播层面，如《传统工艺美术价值的互联网传播研究》[⑧]《对话与倾听：当代语境下传统手工艺的传承与发展》[⑨]等，

---

① 沙垚：《土门日记：华县皮影田野调查手记》，清华大学出版社2011年版。

② 沙垚：《农民文化的复合表达——以关中皮影的传播实践为例》，《民艺》2018年第3期。

③ 沙垚：《乡村文化传播的内生性视角："文化下乡"的困境与出路》，《现代传播》2016年第6期。

④ 沙垚：《乡村文化变迁：阶段、维度与意义——以华县皮影为例探索民艺传承的内在困境》，《全球传媒学刊》2014年第1期。

⑤ 仲富兰：《民俗传播学》，上海文化出版社2007年版。

⑥ 周福岩：《民间传承与大众传播》，《民俗研究》1998年第3期。

⑦ 邵培仁主编，邵培仁等著：《艺术传播学》，南京大学出版社1992年版。

⑧ 彭程璐：《传统工艺美术价值的互联网传播研究》，硕士学位论文，中国艺术研究院，2018年。

⑨ 周波：《对话与倾听：当代语境下传统手工艺的传承与发展》，《南京艺术学院学报（美术与设计）》2010年第6期。

而关注于传承的横向空间性交流状态，将纵向传承维度引入传播学领域展开思考与研究的学术成果相对较少，聚焦于手工技艺纵向传承的内部机制与运作问题的研究领域相对空白，这恰好给本书提供了弥补研究空间的契机。

四、研究结构

本书的研究对象是手工技艺师徒传承，在传播学视角下，把手工技艺看作一种承载于人的身体上的特殊信息，把手工技艺传承看作此种特殊信息的传播行为。在此前提下，运用传播学的相关理论与方法，探索手工技艺信息传播的特点、过程与效果，并厘析出影响传播效果的有利因素与传播“噪声”[①]，达到解决手工技艺师徒传承中技艺信息如何高效优质传递的问题之目的。

第一章“手工技艺作为信息的要素、特性及传播要求”，通过厘析手工技艺作为信息的基本要素，论述手工技艺作为信息的特性及传播要求，即它区别于一般性信息传播的独特之处。第一节“手工技艺作为信息的要素”，根据手工技艺的特性，将手工技艺信息划分为显性信息要素与隐性信息要素。两种信息的传播特性与传播要求各不相同，这为下一步的信息传播论述奠定了基础。第二节“手工技艺作为信息的特性”，分析和比较手工技艺信息区别于一般信息的独特之处：信息载体的身体性，信息形态的体验性，信息内容的多元性。第三节“手工技艺传承作为信息传播的要求”，在论述一般信息传播要求的基础上，提出手工技艺传承的特殊性传播要求，即保持技艺传承的实践性、恒定性与核心性。本章通过对手工技

① 噪声，根据《现代汉语词典》(第七版)释义为“在一定环境中不应有而有的声音，泛指嘈杂、刺耳的声音。旧称噪音”。本书除引文外，统一使用“噪声”这一称谓。

艺信息特色及传播要求的有效挖掘、梳理与分析，旨在使本书的研究真正进入传播学语境，为后续研究提供前提条件。

第二章“手工技艺师徒传承的传播过程”，从传播学的角度对传播活动的基本过程、构成要素、传播模式等内容进行分析。根据“5W”传播模式，归纳、梳理手工技艺师徒传承的传播过程，即手工技艺信息的编码、传递与译码。本章对传播过程与构成要素的梳理与概括，为第三章传播效果的论述搭建起理论框架与奠定了理论基础。

第三章“手工技艺师徒传承的传播效果”是本书的重点章节。传播效果是传播活动的终极目标，是衡量传播活动质量的依据，一切传播活动和传播方式的最终目的都是取得理想的传播效果。本章从传播者、传播内容、传播媒介、受传者与传播效果的关系着手，探索影响手工技艺传播效果的有利因素与传播“噪声”。第一节“传播者与传播效果”重点论述手工技艺信息的传播者（师父）影响与制约传播效果的因素，主要从“信源可信性”和“传播者的能力”两方面探讨。第二节“传播内容与传播效果”，主要论述手工技艺的显性信息与隐性信息的传播特征及其与传播效果的关系。第三节“传播媒介与传播效果”重点论述手工技艺信息运用不同的传播媒介所带来的传播效果的差异性及其原因，分别从声音语言、身体动作与实物媒介等传播形式展开论述，最后论证出最适宜手工技艺信息传播的媒介形式，即身体媒介的“在场传播”方式。第四节“受传者与传播效果”，从手工技艺信息的受传者（徒弟）入手，论述影响手工技艺信息接收的因素，主要从受传者所具备的身体条件与能力展开，如身体的感知能力、思维能力与实践能力，以及接收信息后的反馈机制，这些因素的具备与施行情况将成为促进传播效果或抑制传播效果的主要因素。

第四章“关于手工技艺师徒传承效果改进的思考”，展望与提出对未来手工技艺师徒传承效果改进的规律性的思考与把握，主要从减少手工技艺信息传播过程中的“噪声”与建构手工技艺传受双方“共通的意义空间”两方面提出建议。第一节，“减少手工技艺信息传播过程中的‘噪声’”与不利因素，通过对第三章传播效果的深入分析与阐述，总结与归纳出传播过程中存在的主观噪声与客观噪声，并提出降低传播噪声的建议，即增强传受双方的主观意愿与能力，发挥身体“在场传播”的优势与规避“不在场传播”的阻碍。第二节，“建构手工技艺传受双方‘共通的意义空间’”，主要提出三方面改进措施——营造手工技艺师徒传承的传播环境，强化传受双方的“同体观”效应和运用符号化认知手段，助力师徒传承中手工技艺信息的高效优质传递，以期对手工技艺传承实践起到一定的指导作用。

研究结构的搭建与行文撰写，除了提纲挈领的宏观思索外，还有赖于研究方法的有效运用。首先是文献研究法。本书立足于传播学的理论体系与方法论，并综合运用国内外相关工艺美术理论研究成果和借鉴信息学、符号学、教育学、心理学等领域的研究方法和理论，对手工技艺信息的传播形式、传播特征与传播规律进行理论辨析与研究。其次是融合运用田野调查法与个案研究法。“手工技艺”虽然涉及所有手工艺门类，但是本书以玉雕为主要案例对象，这是因为：一方面，玉雕是我国优秀传统手工技艺之一，具有代表性与典型性；另一方面，笔者在第一手材料的掌握上具有一定的基础。笔者对玉雕行业的工作室或作坊、北京玉器厂、北京市工艺美术研究所、河南仵应汶玉器研究所等部门与单位进行过实地调研与考察，并对玉器行业的手艺传承人、学徒、从业者进行了采访与交流。在此基础上，笔者开展了深入式个案调查，在中国工艺美术大师李博生工作室进行了持续一年的跟踪式考察与采访。笔者或以旁观者的视角，或以融入式的角色观察并参与到师徒之间的授课、实操、指导、情感互动之中，这种深入式调研更能体悟隐性技艺信息“只可意会，不可言传”之道，在耳濡目染中感悟到手工技艺师徒传承的真谛，以此个案为切入点，期望起到以点带面、以小见大的示范作用。

第一章

手工技艺作为信息的要素、特性及传播要求

第一节　手工技艺作为信息的要素

所谓传播，就是社会信息的传递或信息系统的运行。信息是传播学研究的重要对象，也是传播的独特属性，传播学者在界定传播的概念时往往突出传播的信息属性。例如，施拉姆在《传播是怎样运行的》一文中写道："当我们从事传播的时候，也就是在试图与其他人共享信息……传播至少有三个要素：信源、讯息和信宿。"[1]信息是传播的内容，传播是信息的形式，传播和信息有着密不可分的关系。在传播活动中，人与人之间社会互动行为的介质就是信息。信息由符号与意义构成，信息需通过图像、声音、文字等符号形式表达意义。

信息在社会生活中无处不在，人们通过识别信息来认识客观世界。手工技艺也是一种信息，它具有一般信息的基本属性。手工技艺信息在本体

---

① Wilbur Schramm,*How Communication Works,The Process and Effects of Mass Communication*,University of Illinois Press,Urbana, 1954，转引自郭庆光《传播学教程》（第二版），中国人民大学出版社2011年版，第3页。

上也是由符号与意义组成的统一体，需要以语言、文字、图像、动作等符号形式表现其意义；手工技艺信息也需要在传播者（师父）与受传者（徒弟）之间传递，并进行信息的编码与译码活动。所以，把手工技艺看作一种信息的命题是成立的，只不过它具有超越一般信息，契合于手工技艺特征的独特属性，这在下一节中会详细论述。手工技艺是一种信息，对它进行分类剖析以便于微观研究非常必要。日本民艺学家柳宗悦曾将“技”分为技术、技巧、技能三种类型。[①] 因此，“技”置于传播学视角下可相应地视为技术信息、技巧信息与技能信息。技术是客观存在的表现手工技艺物质系统特征的客观信息，例如工序流程、工具运用等；技巧是在工艺过程中解决问题的关键性方法；技能是手工艺人制作能力的总和。但是这三个概念与意义的界定带有很大的交叉性与模糊性，如技术是个大概念，它可以包括技巧、技能；技巧要素又存在于技术、技能领域之中。为了界定得更加明确，在以此种分类方法为参考的基础上，本书将手工技艺信息划分为显性信息要素和隐性信息要素，以便于更清晰地进行微观解析。

一、显性信息要素

“在技术领域，任何一项技术都可被看作可以清楚表达出来的技术和无法用语言表达的技术这两部分之和。”[②] 手工技艺信息中可确切度量或客观把握，易于表达与编码的信息属于“显性信息”；“只可意会，不可言传”且不易于获取的模糊信息称为“隐性信息”。其中，显性信息主要包括合规的、可量化的、可视的三方面内涵。

第一，合规的动作。合规的指符合逻辑与范式标准的行为、言语等。

---

① 参见［日］柳宗悦《工艺文化》，徐艺乙译，中国轻工业出版社1991年版，第92页。

② 赵士英、洪晓楠:《显性知识与隐性知识的辩证关系》,《自然辩证法研究》2001年第10期。

每一种手工技艺都有符合其特点与工作规程的特定行为与动作，手工艺人必须按照既定的标准和规范的要求进行操作，以达到预定目的。例如，南京金箔锻造技艺中的打箔工序（图 1-1），两个手工艺人对立而坐，轮流锤打，要“锤锤过头，前斩、后剁、中心靠”，即“划膀子”。规范性和连续性的动作最终促成了薄如蝉翼、软似绸缎的金箔片的成型。人在操作过程中的身体姿势、脚步、手势等都有着既定标准与规范，通过肉眼就可以识别或判断正确与否。再如，非物质文化遗产项目广东潮州木雕工艺（图 1-2），其制作过程中的“修光”工序，也称为细雕刻，是在凿粗坯的基础上进一步细致雕琢并修整完成的步骤。“修光使用的工具是小平刀、小圆刀、三角刀”，“持刀以无名指、中指、食指三指为平，拇指放在其上，有话诀曰‘运刀如运笔，应用于尾刀’，指头按实，手腕灵活”[①]。所以，使用工具雕刻时的手法、姿势、动作是否标准与规范，师父通过视觉可以直接感知到，并能及时给予指导。浙江东阳木雕工艺亦如此（图 1-3），技艺操作动作清晰可视，可见，规范性动作是可以通过视觉、听觉等感官系统直接感知到的信息。

图1-1　南京金箔锻造技艺中的打箔工序

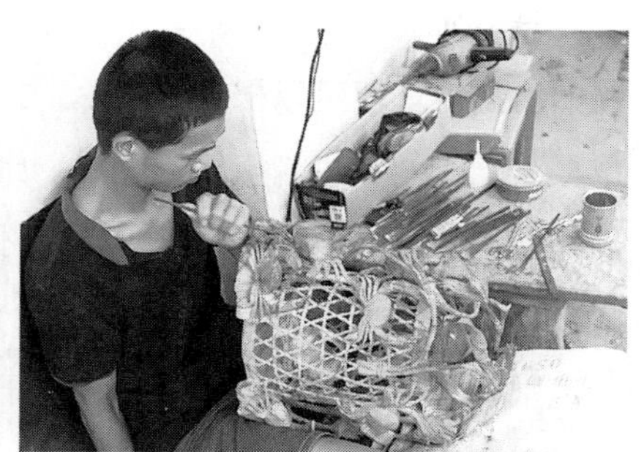

图1-2　潮州木雕工艺

① 潘鲁生主编，刘燕著:《广东潮州木雕·陈培臣》，海天出版社（深圳）2017年版，第86—87页。

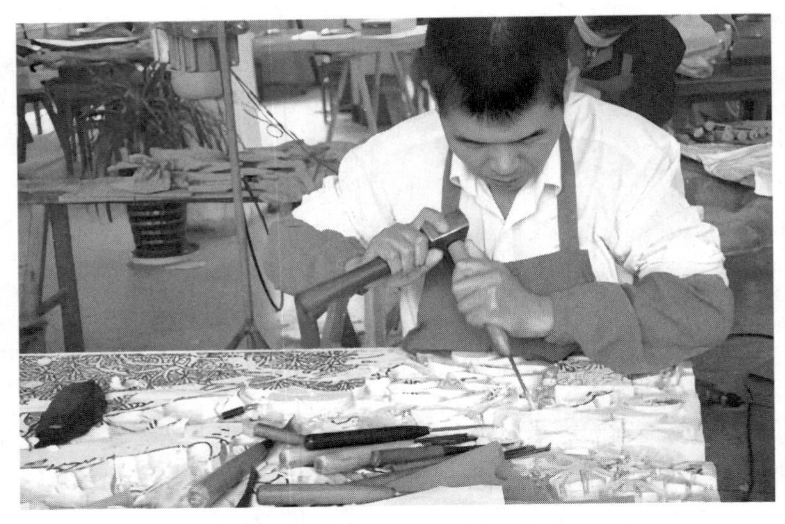

图1－3　浙江东阳木雕工艺

第二，可量化的动作。可量化通常是指可用数字刻度之类的标准去具体标识、表达的一种评定形式。可量化的动作是指手工技艺在操作过程中的动作可以用数字刻度进行判断与评定其是否符合规范。动作是肢体的运动，是多元而复杂的，用数字评定的并不是动作的变化过程，而是动作变化的度量值。即可以根据不同手工技艺种类的具体特性，用数字呈现其数量多少、时间长短、衡量范围等。比如南京金箔工艺中的打箔工序，两个操作者面对面需要锤打近3万次，才能把一块金子打成0.1微米左右的薄片。（图1-4）这里的数量虽然是个约数，但是也界定出动作次数的可施行范围。量化额越精确，每一次锤打动作所蕴含的价值与作用就越突出，如规定锤打5次，多一次和少一次，动作施行的结果在工艺品上都会呈现出较大的差异。毋庸置疑，可量化的动作是信息的传播者和受传者都方便识别与记录的一种信息，故属于显性信息的类别。

图1－4　薄如蝉翼的金箔

第三，可视的动作结果，即能通过明确呈现的最后的工作效果来权衡和明确界定与检验的动作，即以动作之后的事物所呈现出来的状态为判断根据。当然也可以把它放到可量化动作的分类中，但是这里强调的是以事物的大小、厚度、形状等最终效果为呈现标准，视觉可以直接感知的动作结果。技术史家福格森指出："技术是一种高度依赖视觉的活动，技术知识即使能被表达，在很大程度上也是以视觉形式而非以口述或数学形式进行表达的。"[①] 比如上述南京金箔的例子，动作的最终效果是根据0.1微米左右的金箔薄片来判定的，金箔是否厚薄均匀、薄而不破，是否达到了厚度上的数值要求等，这个效果是手工艺人通过视觉等感官系统可以直接观察、感知与判定的。

综上所述，手工技艺的显性信息是一种可确切度量或客观把握的信

① Ferguson E.Non "Verbal Thought in Technology,Science", *The Mind's Eye*, No.197,1977,pp.827－836.转引自赵士英、洪晓楠《显性知识与隐性知识的辩证关系》,《自然辩证法研究》2001年第10期。

息，易于编码与符号化，易于观察与感知，这使显性信息易于传播与接收。

二、隐性信息要素

手工技艺信息犹如一座冰山，显性信息只是裸露在外的“冰山一角”，隐性信息是隐藏在海平面下的冰山，它才是手工技艺信息的主体部分与核心，是显性信息的根基与源泉。相对于显性信息，隐性信息是一种无法通过感官系统直接感知其规范性，也不能量化的非客观性信息，带有强烈的个人主观性与体验性，甚至是“只可意会，不可言传”的。

《庄子·天道》中有一则“轮扁斫轮”的寓言故事。

> 斫轮，徐则甘而不固，疾则苦而不入。不徐不疾，得之于手而应于心，口不能言，有数存焉于其间。臣不能以喻臣之子，臣之子亦不能受之于臣，是以行年七十而老斫轮。

匠人轮扁告诉齐桓公制作车轮的技艺在于“得心应手”，但是这里面的制作规律是只可意会，不可言传的。他没法很明白地告诉儿子，他的儿子也不能从他这里获得他的技艺（做轮子的经验和方法），所以他到了七十岁还在独自制作车轮。此处“口不能言”的技艺就是带有个人体验性和经验性的隐性信息，属于“高度个人化的信息”，它被模糊性包裹着，不太容易客观描述与传播。这种带有个人经验性的不易描述与传播的隐性信息主要包括以下几个方面的内容。

第一，技巧。技巧是指在娴熟与牢固地掌握一般技术的基础上解决手工技艺问题的关键性方法，它是通过多年的实践经验和心得而逐步总结出的个人经验和形成个人风格的诀窍。技巧这个词本身就暗含着隐性信息的意思，很多技巧本身就是一种隐性信息，例如陶器工匠拉坯成型的技巧，是很难用明确的、清晰的词语来解释的，人们需要在实践中不断重复练习，最终找到某种“感觉”，这种“感觉”就是在体验与实践的过程中积累起来的关于身体度量的一种把握与经验。技巧有时还带有谋划、谋略、心思、心机等意味，这些词语本身就显示出信息的内隐性和不易外露性。柳宗悦说“在许多情况下，技巧是机智，但也可以是诡略，并且缺少诚实感。技巧与正直在性质上是难于一致的”[①]。“机智”“诡略”都是人们内隐于心的盘算与琢磨，是一种思维活动。技巧具有隐藏性、不易于察觉，一方面是指技巧不易直观，另一方面是指掌握技巧的利益主体愿不愿意让其显露的问题，因为它是一种谋生手段。例如，陶器工匠拉坯成型的技巧性动作不易于受传者通过感官系统直接观看与触摸，它需要师父的指点与教导方能拨开云雾见月明，也需要一定的理解力与领悟力去破解密码，所以，技巧信息不易感知与获得，是一种隐性信息。手工艺行业一直存在着“大匠只能授人以规矩，不能授人以巧”的说法，这也很好地说明了技巧不易言传的传播特性。

第二，技能，或者说是能力。技能是手工艺人制作能力的总和，是身体的协调性和加工过程中表现出来的熟练度与随机应变性。它是技艺最核心的内隐要素。这种技艺综合能力的获得并不容易，它需要反复地练习与实践。“对于工艺来说，熟练是重要的。多次的反复进行，可以提高技能。古籍中有‘才练艺技’之说。优秀的工艺是熟练的产物，即就是不灵巧的人也会惯于重复进行的工作，也能掌握难以置信的技巧。”[②] 技能是在实践的基础上不断累积经验而逐渐形成的。由于“技能”的高度经验性与个体化，所以，它是最为隐晦、最为模糊、难以目观手触的信息内容。这种信

① ［日］柳宗悦：《工艺文化》，徐艺乙译，中国轻工业出版社1991年版，第96页。
② ［日］柳宗悦：《工艺文化》，徐艺乙译，中国轻工业出版社1991年版，第92—93页。

息承载于人的身体与思维中，很难对其进行符号编码与传递。技巧和技能之间是一种逐渐向身体内化的递进关系。在手工艺人反复练习与重复工序的基础上，解决某项工艺的技巧会逐渐内化为身体与大脑之间的协调能力与身体机能。柳宗悦说："技能是熟炼，技术是理解。"[①] 技能是手工艺人达到不假思索的技艺熟练程度之后内化为身体中的能力，它只能通过手工艺人在实践中获得，师父无法将其编码与传授。

第三，手工技艺所蕴含的人文信息。手工技艺不同于工业技术的其中一个方面就是，工业技术通过机械化的介入，逐渐把人的生命活态因素抽离出来，成为一种技术理性操控下的冷冰冰的技术形式。而手工技艺的操作主体是人，人贯穿于技艺的整个操作与实施过程中，人所具备的生命力、情感、思想等意识形态因素不可避免地、潜移默化地融入技艺当中，成为不可分离的、相辅相成的整体或体系。所以，把手工技艺研究只局限在工艺技巧、技艺秘诀等技术层面，而不涉及人文信息的做法是非常片面和不适宜的，这等于丢失了手工技艺的灵魂与精髓。"手工艺的价值不在令人眼花缭乱的工艺本身，而主要是在以手艺的方式表现出的生活智慧、道德意识和生活习俗等人文内涵。"[②] 手工技艺所附含的人文信息内容主要包括手工艺者在长时间实践基础上总结出的带有经验性的艺诀法则、审美规律、要领讲究，也包括行业规矩、仪式禁忌、为人处世的法则等。这些人文信息更是不可能目观手触的。例如，中国工艺美术大师郭石林说："玉石不能硬做、强做，你一强做，就没有玉雕的味儿了。"这里的"味儿"就是一种抽象的具有特定的审美感觉、技艺要求与人文意义的隐性信息，需要在特定语境中去理解与体会。

综上所述，手工技艺的隐性信息是一种存在于个体身体上的带有经验

---

① ［日］柳宗悦：《工艺文化》，徐艺乙译，中国轻工业出版社1991年版，第95页。

② 邱春林：《中国手工艺文化变迁》，中西书局2011年版，第18页。

性的主观信息，不太容易客观描述与表达，而且难以编码与传播，需通过手工技艺传承人与被传承人面对面地在场传播，并通过观察、模仿与实践等方式去接收信息。

手工技艺的显性信息与隐性信息共同构成了手工技艺的传播内容，它们是互相关联、互相影响的整体关系。就如弹钢琴，“一个人如果只知道弹奏的指法、坐法和五线谱的识法，而不能把这些规则有机结合起来，在实践当中加以具体运用、反复揣摩，并融注自己个体的情感体验，他是很难弹奏一首优美动听、富有感染力的曲子的”[①]。另外，显性信息与隐性信息之间也不是绝对的泾渭分明的关系，它们之间也存在一定程度的模糊地带。随着社会的发展和技术的进步，两种信息之间可以进行转化，特别是隐性信息的显性化的趋势与方法已日益成为研究重点。所以，手工技艺信息的划分方法与范畴并不是绝对的，但是显性信息与隐性信息的划分方法仍起到了分类论述的基本作用。

第二节　手工技艺作为信息的特性

由上述可知，手工技艺是一种信息，它具有一般信息的基本属性。但是同时它也具有不同于一般信息的、契合于手工技艺特征的独特属性。这些独特性才是手工技艺信息的精髓所在，是形成手工技艺信息传播特征的重要原因，也是影响和制约手工技艺信息传播效果的重要因素。

① 尹琼芳、李三福：《缄默知识与显性知识的转化及其在教学中的作用》，《湖南科技大学学报（社会科学版）》2007年第6期。

一、信息载体的身体性

载体，一般意义上是指“某些能传递能量或承载其他物质的物质”[①]。“传播”所承载与传递的内容是信息，信息的载体有多种形式，如纸张、广播、电视等。手工技艺作为一种身体技能，以身体为其本质性信息载体，失去身体载体，技艺信息就会如同落叶一般失去生命体，成为生物标本，这和一般性信息的身体载体特征不同。一般性信息也以身体为载体传递信息，但是它们并不是须臾不可分离的关系。一般性信息并不是身体的一部分，身体更多的时候是信息的中转站，脱离身体后的信息可以通过其他载体进行传递，并不影响信息的传播和接收。例如“明天下雨”的信息，可以通过身体口耳相传，也可以脱离身体用报纸载体刊登，并非脱离身体后信息就无法传递与呈现。但是，手工技艺信息与身体是合为一体的相辅相成关系。

手工技艺信息的身体性，要从人类的身体与技术的独特关系开始探讨。身体对于任何生物都是一种物质性存在。作为人类的身体，除了物质性肉体的身体外，还有心智性的身体。它们从事着不同的身体活动，即身体的造物活动与精神活动。有了身体，人的生命体与精神才有了实质性载体去从事各种社会活动。可以说，身体是人类从事一切活动的前提条件与基本手段。人类通过身体的劳作连接了自然与文化，身体既是一个环境（自然的一部分），又是自我的中介（文化的一部分）。[②]在信息传播活动中，身体也是人类最早接触外界和沟通交流的载体，在语言产生之前的漫长历史中人类运用肢体动作、脸部表情等表达意义与交流。

---

① 韩敬体编著:《汉大商务汉语新词典》，汉语大词典出版社、商务印书馆（香港）1996年版，第1053页。

② 参见［英］布莱恩·特纳《身体与社会》，马海良、赵国新译，春风文艺出版社2000年版，第99页。

除了人类之外，其他生命体也拥有身体，但是人的身体与它们的身体有着根本性的不同。其中关键的一点，从技术哲学角度来看就是人类的身体可以承载技术，而且这种技术不是动物性身体所具有的来源于先天性生物遗传的技术，如蜘蛛织网的技术、蜜蜂采蜜的技术之类，而是通过人类后天不断实践与反复训练获得的技能。造物主未赠予人类任何生物技能便让他们赤手空拳地来到了世间，这种人类的先天性缺陷与不足，德国哲学人类学家阿诺德·盖伦[①]称为“本能的匮乏”（Instinktarmut）。但这恰恰给了人类不断学习与实践以填补匮乏、面对无限性发展的机遇与挑战的机会。技术作为人在后天习得的各种能力与实践经验的集合对象，正是在人类自身“不完备性”的弱势需求下出现的。如此一来，人类的身体就成为具备技术能力的身体，即技术身体。人拥有了技术身体，便掌握了与自然界打交道的生存技巧以及从事实践活动的载体，人的身体也具有了主体性地位。

人的身体与技术之间是一种互相建构的关系，技术建构着身体，使人的身体成为“技术身体”，同时，承载于身体上的技术也成为一种“身体技术”。这里的身体技术是指以身体为手段的技术。例如，手工技艺是以人类身体一系列的行为过程与动作为呈现手段的技术形式，假设没有身体的物质性存在，技术将无处依存，技艺信息也将无法传递出去。不论是陶器制作工艺（图 1-5），还是家具制作工艺（图 1-6），抑或是其他工艺，都将无法呈现出来。换句话说，人的身体与技术融合在一起，手工技艺正是在人与技术的一体化过程中对周围的外部世界即人类的生活与社会产生作用的。

---

① 阿诺德·盖伦（Arnold Gehlen，1904—1976），20世纪德国哲学人类学的奠基人之一，著述有《技术时代的人类心灵：工业社会的社会心理问题》《意志自由的理论》《人——他的本性和他在世界中的地位》等。

图 1－5　陶器拉坯成型

图 1－6　京作硬木家具制作工艺

手工技艺在本质上是人类按照主观意识改造自然界所掌握的一种手工操作技术，通过上述身体与技术之间关系的分析，我们就比较容易理解手工技艺信息的身体性与一般信息的身体性的根本区别。

手工技艺是一种“身体技术”，所依存的载体是人的身体，身体为手工技艺传承活动中的技能、经验、心智提供了存在的场所和施展的空间。马塞尔·莫斯说：“身体是人第一个、也是最自然的工具，或者不要说成是工具，是人的第一个、也是最自然的技术对象，同时也是技术手段。”[①]离开了身体，技艺将无处承载。所以，手工技艺以身体为物质载体通过身体运动的方式将其呈现出来。人的身体在不断的实践与体验活动中通过对身体动作的训练逐渐形成一种身体经验。“身体技术不是由遗传带来的，我们的举手投足都渗透和表达着文化；或者说身体技术不是先验的，而是经验的。”[②]为了加深对技艺的理解与吸收，以及加固技艺的稳定性，身体经验又内化为身体记忆，使其成为身体的一部分，正如苏联著名心理学家维果茨基[③]认为的那样，内化是把存在于社会中的文化规范等变成自己的一部分，并作为心理工具来指引自己的各种心理活动。经验内化为身体记忆以后，手工技艺呈现出一定程度上的稳定性和无意识性，而且内化程度越高，稳定性与无意识性就越强，技艺就越高超和得心应手，甚至出现“人技合一”的出神入化的境界。身体记忆会影响手艺人动作的状态以及行为过程，决定手工艺人的技艺高超与否。身体记忆所构成的技艺是稳定的，但并不是死板的，会根据身体的历史经验对不同的材料、工具、形态等适时作出灵活性的应对与调整，即“在身的”工力既可能保持自我身心系统的稳态，又可能对事功作出动态的调整和反应。[④]

吕品田在《动手有功——文化哲学视野中的手工劳动》一书中提出“工力在身”的观点，从文化哲学角度深入地论述了身体与技艺的关系，

---

① ［法］马塞尔·莫斯等：《论技术、技艺与文明》，蒙养山人译，世界图书出版公司北京公司2010年版，第85页。

② 肖峰：《信息技术哲学》，华南理工大学出版社2016年版，第40页。

③ 维果茨基（Lev Vygotsky，1896—1934），苏联心理学家，“文化—历史”理论的创始人。

④ 参见吕品田《动手有功——文化哲学视野中的手工劳动》，重庆大学出版社2014年版，第112页。

他认为手工最重要的特点在于它需要“在身”。“工力在身”就是手工技艺要凭借身体的生物机能和生命特性做工。作为自我生命存在本体的身体，其生命力是在时间进程的动态流动的过程中消逝的，生生不息的生命潜力可以空耗掉也可以变通为尽其利用的功力，通过身体“界面”作用于客观对象。而这种时间进程上的前后联系表现为身体上的记忆机制，“有机体能保存它从前经验的印记，并在之后的反应中显示这些印记的影响”，“透过我的身体‘界面’与世界发生现实关系的气力，必带着一定的‘现实关系’沉入我的‘过去’，以至把身之所体的历史经验反映出来，即如人们所说的‘一遍工夫一遍巧’”[①]。即“在身的”工力受记忆机制的影响能够把身体训练后得到的经验通过记忆的形式反映出来。“工力在身”的概念简洁而全面地概括了手工技艺生成过程中所涉及的身体实践、身体经验与身体记忆，不仅论述了手工技艺与物质性身体的密切关系，也涉及指挥与调节着身力的“心力”，即身体是身力与心力的结合。所以，手工技艺隐藏在手工艺人的身体与头脑中，使其在制作过程中可以边想边做。技艺与身体如此密切的关系，使二者相辅相成，缺一不可。如果技艺信息脱离身体，容易导致传承内容的失效与生命力的流失。技艺信息的身体载体一旦出现“断档”，技艺就可能面临失传的危险。即使有可资参照的工艺实物或文字的记载，手工技艺信息的活态的生命力与工艺神韵也已经消逝，而沦为生物标本一般的存在。这就是手工技艺信息与一般信息的不同之处。

二、信息形态的体验性

手工技艺信息必须通过受传者身体力行的体验与实践行为才能接收与

---

① 吕品田:《动手有功——文化哲学视野中的手工劳动》，重庆大学出版社2014年版，第112页。

掌握，所以，体验性成为理解与接收手工技艺信息的基础。体验的含义指向人的亲身参与性，即“通过实践来认识周围的事物；亲身经历”[①]的意思。所以，本书所涉及的“体验”是指人的“亲身经历和实践”，主要强调身体的参与性与融入性。体验是人类认识世界的一种特殊方式，手工技艺就是在体验性认知方式的基础上进一步形成和传承的。从存在状态来看，手工技艺是一种体验性的存在，其主要原因和手工技艺的特征以及人的身体的生命特性密切相关。

手工技艺是一种身体性的技术，身体既是物质载体，又是实施工具。其中，手是身体中最重要的工具，手的劳作，即手的工艺实践行为，“手工艺”名称也由此而来。反过来说，手工技艺信息是通过身体，特别是手部的运动与一系列行为呈现出来的。身体与技艺相互成就的密切关系，使手工技艺信息的接收必须通过身体的体验去感知与理解。手工技艺的体验不仅是物质性身体的体验，也是精神性身体的体验，并且在体验过程中蕴含着深刻的生命性和人文价值。

体验和身体的生命特性紧密关联。体验的主体是具有生命的人。每个生命体都是一个内部诸要素相互作用下的有机体与系统，具有能动性与自主活动性，在生命的连续流动中可以不断地增殖与变化。每个生命体都是不同的，不同的生命体在手工技艺体验的过程中，身体的这种生命属性能动性地对身处的环境或所经历的事情作出动态的调整和反应，并能把基于生命的个性、感受、情感等因素随着“工力”的体验发挥于外。手工艺人在身体与精神的双重体验中，将手工技艺信息逐渐累积与总结形成各种带有个性化和私密性的个人经验。

① 中国社会科学院语言研究所词典编辑室编：《现代汉语词典》（第7版），商务印书馆2016年版，第1288页。

经验与体验的关系微妙而密切。手工艺传承者体验到的手工技艺信息可以被记忆、被储存，成为一种经验，保存下来的体验就是一种经验。当生命主体放下工具、停止肢体运动的实践活动时，体验性就没有了，但它通过储存转化为了一种经验。所以，经验是从体验活动中产生的，是客观事物在人们头脑中的反映。反过来，经验又指导着实践，手工技艺信息能够传承至今就是一代接一代的手工艺人不断累积经验的结果。体验与经验是实践活动过程中与过程后的两种形态，它们都是手工技艺信息的独特之处，同时也与实践活动密切相关。“经验最基本的要素是实践、观察以及此二者在时间意义上的累积。”[①] 体验与经验是技艺的一种实践方式与体现方式。

所以，手工技艺信息必须通过身体的体验与实践才能有效传播与接收。新闻等一般性信息通过口耳相传的方式就可以完成信息的传播与共享，但是对于手工技艺信息来说，听到、看到并不代表学到。比如师父告诉了徒弟关于琢玉的技术与技巧，如果徒弟不去亲身经历与体验（图1-7），他永远也学不会制玉，因为他无法将师父传递的信息转化到自己身体上形成一种身体技能，这样，师徒间的信息传播活动并未达到既定效果。技巧是解决某项工艺的诀窍，它可以编码为口诀、艺诀等形式表达与传播，如果手工艺人不去体验与实践，那么技巧只是一种指导理论；而技能是手工艺人在反复体验与练习的基础上逐渐将技巧内化为身体技能，达到一种熟练掌握的程度与水平。技能不易编码与传递，需通过自身的体验与实践去获得。如果技艺信息不用通过体验就能掌握的话，那岂不是只要观看手艺人的技艺表演，观众们都能学会一种技艺了？因此，技艺信息必须通过手工艺人的亲身经历与实践才能理解与吸收，逐渐总结与形成经

---

① 郭齐勇主编，吾淳著：《中国哲学通史 古代科学哲学卷》，江苏人民出版社2021年版，第10页。

验，并内化为一种身体记忆，这样手工技艺信息的传播才能取得成功。这就是手工技艺信息较一般性信息的独特之处。

图1－7　徒弟在进行琢玉训练

三、信息内容的多元性

手工技艺信息在传播内容方面也比一般信息更加多元。通过前面的论述已知，手工技艺信息既包括可确切度量和客观把握的、易于编码传播的显性信息，例如手工艺制作中的规范性动作、可量化动作等；也包括“只可意会，不可言传”的、难以用准确的语言或文字进行表述与传递的隐性信息。隐性信息不易量化，具有突出的体验性与主观性特点，如手工艺人在长时间实践基础上总结出的带有经验性的艺诀法则、审美规律等。此外，手工技艺信息还包含技艺背后所蕴含的民族文化、工匠精神，甚至是行业内待人接物的法则与规矩等，这层信息更加抽象与模糊，往往是师父在无意识中传承给徒弟的，但却是手工技艺信息中不可或缺的重要组成部分。例如一门玉雕技艺，包含的信息内容有：水凳或电动琢玉机（横机）等设备和工具的安装与维修（图 1-8）；各种砣具的使用；辨别玉石原料；相玉、构图设计、画活儿（图 1-9）、坯工、细工、抛光（图 1-10）等工艺程序；口诀、艺诀；造型与想象能力（图 1-11）；玉作行业界的规矩等。这些都是需要师父传播给徒弟的技艺信息，不管是明传还是潜移默化地传，信息内容都非常丰富、多元与复杂。

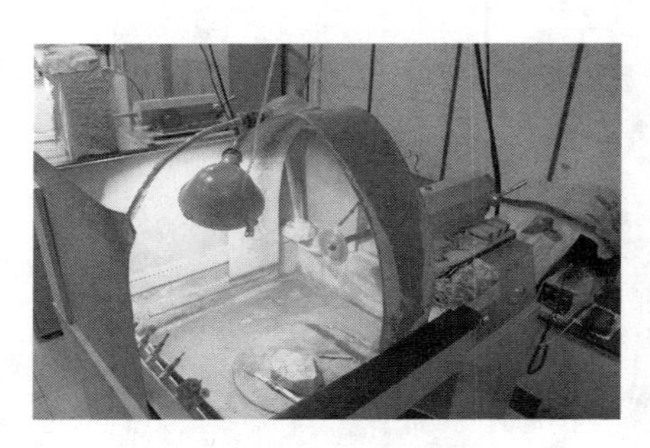

图 1-8　电动琢玉机（横机）

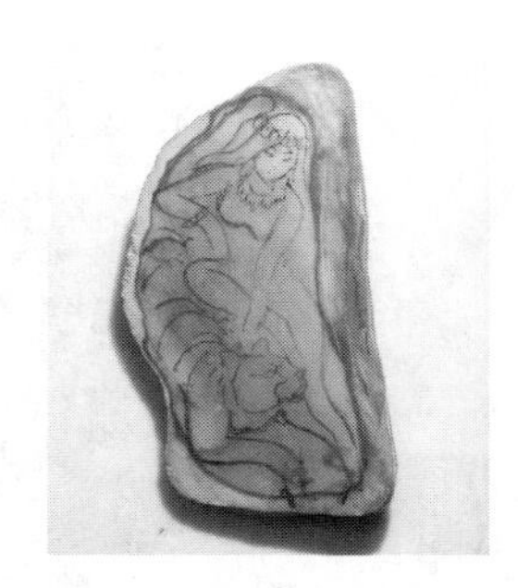

图 1-9　琢玉工序中的画活儿

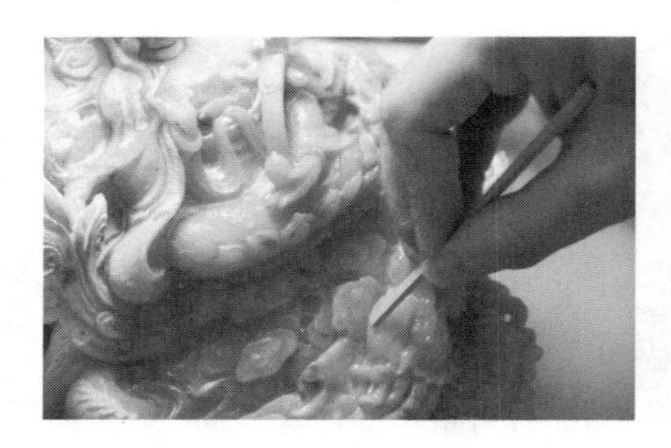

图 1-10　琢玉工序中的抛光

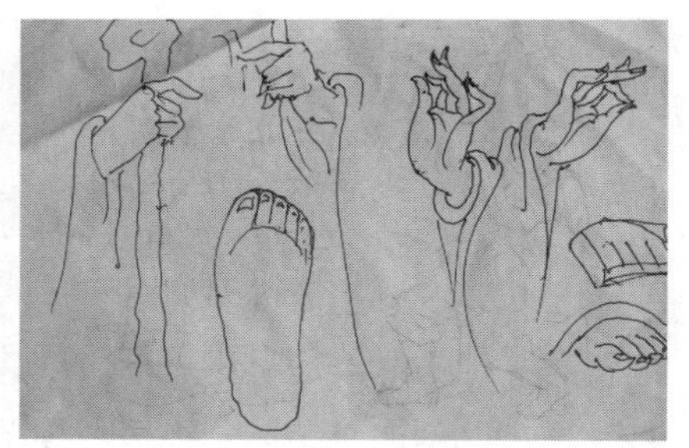

图 1-11　郭石林的线描草图

所以，手工技艺信息涵盖内容广泛，不仅包括“技”，而且包括“道”，它不仅是人类改造客观世界的一门技术，还承载着人类世世代代的造物智慧与人文思想，蕴含着做事和做人的道理，这些元素都构成了手工技艺信息内容的复杂性与多元化的特征。手工技艺信息内容的多元化特征，使手工技艺的掌握与传承成为一个非常复杂与耗费时间的实践与传播活动。手工技艺不是看一看、听一听就能学到的技能。在手工技艺传统师徒传承活动中，没有三年五载是无法学成出师的。诸如工具的使用、工艺流程等相对客观性信息的传承尚可在短时间内实现，但是只可意会不可言传的技巧、技能等隐性信息却需要经年累月的实践才能完成传承。同时，手工技艺信息内容的多元化也对传承活动提出了挑战，即如此丰富与多元的手工技艺信息内容能否倾囊相授、尽数传承，如果无法做到的情况下，又该怎么办？以核心技艺为主要传承内容或许可以成为答案，具体内容将在后文展开论述。

第三节　手工技艺传承作为信息传播的要求

传播学视角下的手工技艺是一种信息，而且是一种带有身体性、体验性与多元性的特殊信息，手工技艺传承就是手工技艺信息的传播活动，那么，手工技艺信息在传播过程中有何独特要求和标准？解析这个问题的前提是要充分了解一般信息在传播过程中的要求，在保障手工技艺遵守基本要求的基础上再去探索其独特性要求，这是本节所要解决的问题。

一、一般信息传播的要求

一般信息是指不涉及身体性技能的、以静态的理论性知识为主的信息形式，如新闻信息、天文信息等，传播学教材中一般以“信息”一词称之，本书为了突出手工技艺信息与其区别，故以“一般信息”的概念称之。众所周知，传播的实质就是负载着特定意义的各种信息符号的有目的性和方向性的信息流动。信息流动的停止，也代表着传播活动的终止。信息必须通过传播才能发挥其功能与效用。信息必须通过传播，才能实现传播者与受传者之间对信息的共享与交流。那么，信息在传播过程中的要求是什么？或者说，传播活动结束后应该达到什么样的传播效果？

（一）保持可识别性

首先，信息是可识别的。信息是抽象的、无形的，但是信息的表现形态却是具体的、可以识别的，例如信号、数据等都是可以被识别的。只不过不同的信息在识别方式上会有所不同，有的信息可以通过视觉、听觉等感官系统直接识别，而有的信息则需要通过特殊的探测手段（借助仪器设备）间接识别，如宇宙星体信息。不管运用何种手段，都需要对信息进行感知与接收，从而达到识别信息的目的，这也是信息能够被使用与传播的基本条件。人类通过识别信息来认识事物。所以，信息是可识别的，而且信息的可识别性是人类能够认识客观世界的基础与手段之一。

其次，保持信息的可识别性，主要是指保持信息在传播活动中的可识别性。信息传播是一个非常复杂的过程，中间要经历信息的各种形式转换，即传播者把信息内容或意义编码为符号进行传递，受传者将符号再译码为信息内容。有时甚至是多环节的转换过程，例如，一封电报信息，首先要将文字内容转换成电报数码，然后将每个数码转换成长短不一的电信号，再将信号发送出去；受传者接收到电信号后，将其再依次转换成数码与文字，至此，受传者才获得了电报的信息内容。这也说明信息是具有可转换性和可传递性的。在进行转换和传递之后，到达受传者处的信息如果还能有效识别与辨认，而没有变得面目全非，说明它保持了信息传播的可识别性，这是信息传播的最基本的要求。如果无法保持信息的可识别性，那么也就失去了传播的意义。

如上所述，信息是可以被识别的，但是传播主体识别信息的条件与能力却是有限的，有时受客观历史环境的影响，有时受个体能力的制约，人们无法完全地识别信息与认知世界，导致识别不完全，甚至识别错误，这就使得信息在传播过程中和传播过程后变得无法识别与理解。例如，如果信息的受传者在对“源信息”的感知与接收上产生错误，使接收到的信息内容已经不是传播者发送的信息内容，就会导致信息发生畸变、歪曲与失真，造成认识客观事物的片面性与错误判断。

手工技艺作为一种信息，同样具有传播学中一般信息的基本传播特点，具有可识别性。而且，手工技艺信息所包含的信息内容与意义更加丰富，一个技艺手法、一个操作动作都体现着特定的技术要求、审美规律和人文意义，对于这些信息，不仅需要感官系统去直接感知，还需要去识别和解读。可解读性是手工技艺传承的重要要求，如果手工技艺信息在传承与发展的过程中变得完全无法识别与解读，那手工技艺将面临传承断代与失传的危险。

（二）保持客观性

不管是有形的物质、能量，还是无形的信息、知识，都具有不依赖于人的主观意识而存在的客观属性。“信息是客观事物运动状态和变化规律的反映，其反映的内容是不以人的意志为转移的。”[①] 既然信息有着其自身发展的客观规律性，反映这种客观存在的信息也就带有了客观性。例如，广播播报“飞机延误”的信息，这个信息不是广播员主观臆想出来的，也不是受众猜度的，不管你是否相信或承认，它的内容都是一个千真万确的客观事实，这就是信息的客观性。所以，信息的内容要忠实于客观事实，按照客观事物的本来面目去反映。例如新闻信息的报道要客观公正地反映客观事实；要有依有据，不能胡编乱造。因此，保持信息的客观性，首先

① 何乐、崔艳萍主编:《信息技术基础》，华中科技大学出版社2015年版，第3页。

是保持信息内容的客观性。

另外，保持信息的客观性是指保持信息在传播过程中的客观性。这意味着传播者发出的信息在通过媒介到达受传者的传播过程中，传、受两端的信息要保持一致，即维持信息的保真度，确保信息在传播过程中不被歪曲，不发生歧义等。传播者（信源）、媒介（信道）、受传者（信宿）是构成传播过程的主要因素，要做到保持信息在传播过程中的客观性，就要从这三面入手。

首先，信源指的是信息的传播者，它产生与提供用以交流的信息。传播者在把信息进行编码的过程中，要减少因个人主观性的介入而产生的影响信息客观性与准确性的“噪声”。其次，“信道是信息传播的媒介，凭借它可以把事物甲的信息传送给事物乙”[①]。不同信息的传播采用不同的通道，例如人际传播的通道主要是对话空间，电视、广播、报纸是新闻信息传播的主要通道。 选择适宜的和有效的信道，可以减少中间环节和传播噪声，提高信息的客观性和保真度。“信道越直接，时效性越强，保真度也越高。使用间接信道时时效降低，保真性也随之降低。”[②]最后，信宿指的是信息的受传者，“任何个人和组织所发出的信息，只有最终到达信宿（受众）的视野，才能说真正完成了信息传输的过程，才能开始进入共享与沟通”[③]。受传者的译码能力也是干扰或保持信息客观性的重要因素。受传者个体的成长背景、教育程度、心理结构的不同，也影响着他们对信息客观性的接收与理解。

信息在传播过程中要保持客观性，手工技艺作为一种特殊性信息，同样要保持信息的客观性。但是手工技艺作为一种特殊信息，它和一般信息的客观性又有着微妙的不同。一般信息的客观性是一个具体的点位，非常

---

① 罗时进编著:《信息学概论》，苏州大学出版社1998年版，第86页。
② 罗时进编著:《信息学概论》，苏州大学出版社1998年版，第90页。
③ 罗时进编著:《信息学概论》，苏州大学出版社1998年版，第87页。

确定，一般是“是”与“否”的关系。如“飞机晚点”的信息，原定12点飞机到达，如果超过12点飞机还未到达，那就是晚点，这个信息是准确和客观存在的；如果12点前到达，那这个信息就是虚假的、非客观存在的。但是手工技艺信息的客观性不是一个准确的点，它是一个存在左右摆幅的阈值。手工技艺是以具有生命活力的人的身体为载体的信息形式，而且它在发展与传播过程中具有活态、流变的性质，并不是一成不变的。在这种情况下，要想保持住手工技艺的客观性，就需要在保持技艺核心性的基础上有一个可左右调节的阈值，使其恒定性发展。所以，手工技艺信息的客观性也具有一定的包容性与特殊性。这部分内容将在后文作详细探讨。

（三）保持有效性

研究信息传播的有效性问题，必须在了解传播现状、探索传播规律的基础上，明确信息传播有效性研究所涉及的诸多问题，根据相关问题逐一展开研究，诸如信息传播有效性的概念与核心内容，衡量信息传播有效性的标准，影响信息传播有效性的因素，提高信息传播有效性的对策等。

“有效”一般有两种释义：一是能实现预期的目的，二是有成效，有效果。[①] 信息传播的“有效性”是指实现预期传播目标或传播效果时的一种状态和呈现出来的结果，而且传播活动的结果要以满足受传者的需要为依据。具体来讲，信息的有效性是指在信息传播活动中，传播者编码与发送信息后，信息通过一定的传播媒介到达受传者处，再通过受传者的接收与译码，实现传播者的预期传播目标，即信息不仅保持着准确、完整、真实，而且能对受传者在认知、态度与行为等层面发生效用，满足受传者的需求。然而并不是所有的信息都能实现有效性的传播目标，无法达到传播

---

① 参见《当代汉语词典》编委会编《当代汉语词典》，中华书局2009年版，第1753页。

要求的信息就成为无效性信息，即信息失真、畸变等。信息在传播过程中会由于种种原因发生偏差与失真，改变了原有信息的本真性与准确性，信息或变得模糊不清、令人费解，或真实度、准确性下降令信息失真，或失去时效性等，无法实现传播者的意图和达到传播目标。所以，信息传播的有效性可以理解为以信息传播活动能否达到传播者的预期目的、满足受传者的需要以及以满足的程度为依据的一种价值判断，简单来说就是信息传播活动产生的结果与传播者预期的目标相吻合程度的一种客观评价。有效性是判断信息传播效果的重要依据，对传播效果有着重要的决定性意义。

判断信息在传播活动中有效性与无效性的标准，主要以传播活动结束后信息能否保持真实、准确、完整，能否达到传播者的预期目的，能否对受传者产生应有的效用价值为依据。信息传播的有效性，可以用“信息不确定性的减少”来衡量，信息学家香农[①]与韦弗[②]将信息定义为“凡是在一种情况下能减少不确定性的任何事物都叫作信息”[③]。这个定义表明：信息传播的目的就是减少或消除认识世界的不确定性因素，从而提高人对世界的认知与掌控水平，提高人适应外部世界的生存能力与发展能力。所以，判断信息传播有效性的标准可以以“不确定性因素的减少或有序度的提高”来衡量，即以消除或减少信息不确定性的程度来作为判断标准。

研究信息传播有效性的问题，也是研究影响信息传播有效性的因素与提高有效性方法的问题。研究信息传播的有效性涉及大量的相关因素，如传播者、传播内容、传播的方式与途径、传播环境、受传者的需求以及信息对受传者的心理、态度和行为所起的效用等，这些都是影响信息传播的

---

① 克劳德·艾尔伍德·香农（Claude Elwood Shannon，1916年4月30日—2001年2月24日）是美国数学家、信息论的创始人。

② 美国著名的信息学家 W. 韦弗（Weaver）与香农在《传播的数学理论》一文中对信息进行了定义。

③ 宁晓晓：《现代传播学通论》，中国戏剧出版社2017年版，第145页。

主要因素，这些因素在信息传播活动中都能产生信息的干扰因素和“噪声”，造成信息的失真与畸变。同时，保持信息传播有效性的方法也隐含在这些因素中，最直接与最主要的方法就是减少信息的干扰因素和传播噪声。例如，为了保持信息传播的有效性，传播者要尽可能地选择更加具有明确性和可理解性的信息，减少不确定性信息的发送；选择最适宜的传播媒介与传播方法；受传者要选择对自己有效用的信息和能够被自己转化为实际意义的信息，从而保持信息传播的有效性，达到最佳的传播效果。

二、手工技艺传承的特殊要求

手工技艺传承，是以手工技艺信息为传播内容，以人的身体为物质载体，在传播者与受传者之间进行的一种信息传播活动。手工技艺信息具有区别于一般信息的诸多特性——身体性、体验性、多元性，这决定了手工技艺传承在具有一般信息传播要求的基础之上有其独特之处，即要保持技艺传承的实践性、恒定性与核心性。

（一）保持实践性

实践性是手工技艺传承活动中的重要特征与特殊要求，这与手工技艺的独特性特征密切相关。

首先，手工技艺是内含于人的身体的一种无形的特殊信息，通过身体的运动与一系列行为得以呈现出来，身体与技艺之间有着相辅相成的密切关系。手工技艺的实践性主要是手工艺人以自己的身体，特别是以双手为代表的劳动器官为主要实践工具与实践界面作用于客观对象，也就是手工艺人用双手改造客观世界的过程，即“做”的过程。在“做”的实践过程中，具有主观能动性的手工艺人体验不同的身心配合与手脑运动，在不断试错与改错的过程中积累经验，最终内化为身体的一种记忆与习惯，技艺与身体、生命融合在一起。另外，实践并不仅仅是人的双手作用于客观世界的活动，这只是实践的外显方式，它还有更为复杂和隐秘的内在部分，即双手是在人的中枢神经系统的司令部——大脑的指挥与调节下去完成实践活动，这是一个手脑结合的实践过程。只有手到心到，劳力又劳心，才是真正的实践活动。“实践的过程就是主观见之于客观的手脑结合的过程。”[①] 所以，保持手工技艺在传承中的实践性，要求手工艺人或学徒不仅仅是单纯机械性地、反复性地动手操作与实践，还需要启动大脑机制，不断地思考与领悟。

其次，手工技艺是一种动手实践技能。作为人类最基本也是最重要的一种实践能力，动手技能强调使用双手按一定的工序与技术要求去实践。使用工具与制作产品都属于动手实践技能。这种技能与通过遗传基因传递给后代的天赋性能力不同，是人在改造世界的实践活动中日积月累、重复经验形成的。动手实践技能是一种只可意会不可言传，很难诉诸语言文字进行表达的隐性信息，“也不能用被接受或机械记忆的方式从他人那里直接获得”“这种动手实践技能是在已有的理论知识（明确知识）的基础上，通过学习者的多次练习而逐渐巩固的，最终达到‘自动化’、完善化的操作系统”[②]。实践技能需要理论知识的指导，但最关键的是需要从实践活动中获得。例如，徒弟通过师父的口耳相传或阅读书籍的方式获取了陶器拉坯成型的技术与方法，并记忆到了大脑里，但是如果徒弟不去亲身经历与实践，不上手、不操作，纵然读一世的书，他也学不会制作陶器。师父口耳相传的也不过是关于手工技艺实践技能的一些指导性理论知识，而不是实践技能本身。师父无法将自己的实践技能像物品或一般信息那样直接赠送或传播给徒弟，实现信息的转移与共享。同理，徒弟也无法从师父那里

① 孙大君、殷建连：《手脑结合的理论与实践》，吉林大学出版社2012年版，第318页。
② 孙大君、殷建连：《手脑结合的理论与实践》，吉林大学出版社2012年版，第319页。

像继承遗产那样直接将技能照搬和安放在自己身上。唯一的方法就是徒弟投身实践，通过自己的双手在反复练习与试错的实践过程中去获得与领悟。所以，保持手工技艺在传承中的实践性，也是手工技艺信息与一般信息的最根本区别。失去实践性的手工技艺，犹如纸上谈兵、空中楼阁，师父既无法有效传承，徒弟也无法获得，手工技艺将无法实现有效性传播。

（二）保持恒定性

恒定性是指在事物发生变化的过程中，始终保持事物的相对稳定性与一致性。恒定性与变化性是既对立又相辅相成的关系，没有变化性就没有恒定性，有变化性才有想要克服它而产生的恒定性。手工技艺也是变化的，呈现出活态流变的本体特征，这与人的生命属性密切相关。

手工技艺是以人力为主要动力，通过手工劳动进行生产和创作的技术手段，它承载于人的身体，通过身体的肢体运动与实践活动呈现出来。正是因为人的身体的独一无二的生命特性，所谓“千人千品，万人万相”，使手工技艺产生出有别于代表着“技术理性”的大工业生产力的独特性。手工技艺以人的身体为载体，“透过身体‘界面’，由潜力变通为功力的生命力，其不可逆性将带给自我以‘不重复’（个性化）的人格面貌，并以日日生、日日新的‘天性’赋予文化世界以特有的人文时间”[①]。人类身体具有生命力的流动性与个体化的独特性，不同的生命个体有着“日日生、日日新”的创造性潜能。因此，手工技艺是一种可以被生命个体自主把握与支配的生产力，它可以充分体现创作个体的创意与观念，也可以自主决定产品的生产形态与审美形态，可以充分切合技艺对象及制作目的，因此，“基于技术本体的这种特性，传统手工技艺的物化功绩必然贴合手艺

---

① 吕品田：《动手有功——文化哲学视野中的手工劳动》，重庆大学出版社2014年版，第109页。

人生命本体的活态流变状态，就像自然生命运动一样，总是不可逆转地富于变化，所呈现出来的永远都是一派不加重复的新态或新貌”①。所以，受人的身体的生命属性的影响，带有主观意识的手工技艺的承载个体以个人智慧与能力参与到手工技艺创造活动之中，使手工技艺呈现出活态性的特点，活态性又促就了流变性，活态性与流变性密不可分，活态流变也是技艺的本体特征。

恒定性是人们征服活态流变性的一种技能体现。恒定性不是技艺的本体特点，而是技艺掌握程度达到炉火纯青状态的一种技能体现，意味着习惯成自然的身体记忆。如何达到与保持技艺的恒定性？技艺传承人通过反复的练习与实践活动，使技艺的不稳定性逐渐趋于稳定，使身体形成一种自动反应与惯性，在身体中建立起一种比较稳定的内感官和身体记忆。所以，恒定性代表着手工技艺的熟练掌握程度与高超技能，正是由于身体可以达到不假思索的熟练程度使技艺维持在恒定状态，方不会导致相同的动作每次操作的结果不一致。例如，陶瓷制作中的“跳刀”技艺（图1-12），它是一种陶瓷装饰工艺。手工艺人将陶坯放在旋转的陶轮上，手拿坯刀，以一定的角度和力量与坯体相切，坯刀因受特定阻力的作用，产生急促有力的跳动，使刀头对坯体进行断续而规律的浮雕式刻花。“跳刀”技艺存在着活态流变性，坯体上剔刺的短线在每次的操作中都不一定始终维持在“断续而规律”的恒定状态，手工艺人经年累月的反复实践的目的就是努力克服活态流变使其保持恒定性，达到一种高超的技艺标准。所以，恒定性是一种高超技能的表现。当然，人不是机器，无法做到绝对的程式化与标准化。手工艺人在每次操练与制作过程中都存在着一个合理的左右波动的阈值，使其不至于任由其流变而发生失控、失真的现象。

---

① 吕品田：《以学历教育保障传统工艺传承——谈高等教育体制对“师徒制”教育方式的采行》，《装饰》2016年第12期。

图1－12　徐朝兴　灰釉跳刀瓶

（三）保持核心性

手工技艺信息包罗万象，具有多元化与复杂性的特点，在手工技艺传承中要传递哪些信息内容才能确保技艺不失传、不变味？首先需要保持手工技艺信息在传承中的核心性，即抓住核心技艺。核心技艺是手工技艺中支撑起其独特价值的、使其能独立存在的本质要素，也是技艺传承中的最主要部分，即手工技艺本身的规律性。失去核心技艺，手工技艺就失去了其独立存在的价值与意义，失去了最本质的东西。手工技艺本体特征是活态流变性，“变”是发展规律，但是在变化中总有相对不变或不能变的因素。“这种相对不变的内核称作决定某门手工艺独特性的‘核心技艺’。”[①] 不同的手工技艺的特色，其核心所在各有不同，有的取决于其高超绝伦、鬼斧神工的工艺和技巧，有的依靠于其独一无二的材料，有的以其造型装

① 邱春林：《中国手工艺文化变迁》，中西书局2011年版，第109页。

饰的审美性傲然于世，“在材料、工艺、技巧、装饰背后，还存在着相对稳定的意识形态。那些能够跨越百年，甚至千年而不衰的手工艺背后，一定有人文价值的支撑。我把这种决定某项手工艺的特色以及形成人文价值的技艺称为‘核心技艺’”[①]。核心技艺不仅是一门手艺不能或缺的绝技，也蕴含着创造主体的思想与人文价值。吕品田也提出：“要既保持传统技艺的流变性却又不至于‘流失’其核心技术和人文蕴含，避免造成其技术本体和技术形态的蜕化、变形。”[②] 如果失去了核心性，手工技艺就会因丧失其本质要素而变得失真与变异。

具体来讲，核心技艺主要涉及材料运用、地域环境、工艺技术等要素，它们决定着手工技艺创造的风格与独特价值。首先，材料是手工技艺的物质基础，材料有其自身的品格，对于材料的使用要“因料取材”“因材施艺”，尊重自然材料的客观规律性，不可悖逆而为，要顺应物质材料的本身特性进行工艺制作。例如玛瑙性脆，要顺其纹理进行切割与造型，否则容易崩裂。同时，材料的开采与运用也要顺应时间节气，《考工记》中记载的“轮人为轮，斩三材必以其时”“弓人为弓，取六材必以其时”都表现出材料与时空的关系。其次，手工技艺有较强的地域性特点，材料、工艺都要符合地域环境的要求与特性，即“因地制宜”。如“郑之刀，宋之斤，鲁之削，吴粤（越）之剑，迁乎其地而弗能为良，地气然也”[③]，即体现出地域环境与材料的关系，越密切契合地域性特点，就越能保持材料的特性与原汁原味。再次，工艺是基于各种材料自身特性发展而成的一种技术与物化手段。“材料与工艺技术之间的关系，实际上是能动的人对材料

---

① 邱春林：《中国手工艺文化变迁》，中西书局2011年版，第100页。

② 吕品田：《重振手工与非物质文化遗产生产性方式保护》，2009年2月12日在“非物质文化遗产生产性方式保护论坛”上的主旨发言。

③ 闻人军译注：《考工记译注》，上海古籍出版社2008年版，第4页。

自然属性的遵从和把握的关系。”[①] 工艺与材料之间相辅相成，它们都是手工技艺本身规律性的呈现，是手工技艺不可或缺的核心与关键部分。另外，手工技艺与社会生活紧密相连，脱离特定社会生活语境与物质环境的手工技艺在本质上也易于发生变化。所以，代表手工技艺独特性的核心技艺是材料、工艺、环境等，这些都成为我们可挖掘、甄别和判断核心技艺的重要依据。

手工技艺中除核心技艺外，也存在不会影响手工技艺本质与核心，并不起关键性作用的相对次要的技艺。所以，手工技艺在传承过程中首先要甄别出核心技艺，将其列为重点传承内容。守住了核心技艺，也就给手工技艺的变迁划定了一个合理的波动阈值，不至于造成技术本体和技术形态的根本变异，这就是“制随时变”“变中有常”的手工技艺发展规律。

综上所述，本章对手工技艺信息要素、信息特色、传播要求的有效挖掘、梳理与分析，旨在使本研究真正进入传播学语境，通过对手工技艺本体的剖析与信息的转换对应，为后续研究提供前提条件。

① 李砚祖:《工艺美术概论》，山东教育出版社2002年版，第82页。

第二章

手工技艺师徒传承的传播过程

手工技艺信息的传播过程是探讨师徒传承活动的重要研究内容，只有梳理清楚传播过程中的各要素与各环节之间的关系，才能明晰其中所蕴藏的影响传播效果的有利因素与“噪声”。一般信息的传播过程、传播要素以及学者们总结出来的各种传播过程模式，为此提供了理论基础与研究框架，可予以借鉴。在此基础上，本书归纳与总结了手工技艺师徒传承活动的信息传播过程及特点。

第一节　信息传播要素及一般过程

信息传播是一个先起后继的历时性过程，呈现出动态性、序列性的特征。同时它也是一个系统，这种定位是把信息传播的各种要素与过程放在一个更加综合的层面上以便于考察它们的相互关系，以及与外部环境的互动与影响。所以，信息传播活动也是一个有机整体。过程性与系统性是理解与研究人类信息传播活动的两个核心概念。

一、信息传播构成要素

信息传播活动是在时间中呈现与实现的，具有明显的过程性。从过程性这个特征上来考察信息传播，自然不可避免地就要对传播活动中的诸多环节、要素进行剖析，这些构成要素是传播过程的构成部分并在其中发挥着重要作用。“传播的基本过程，指的是具备传播活动得以成立的基本要素的过程。”[①] 所以，要研究与探索信息传播过程的本质与规律，首先要了解它的基本组成要素。我们在日常生活中经常见到这样的信息传播活动：老师对学生说“今天放学之前，必须把作业交上”，学生点头答应“是”。这个传播活动非常简单，只有一问一答，但是却包含了传播过程中的基本要素。一是传播者（老师），二是受传者（学生），三是传播内容（交谈的信息），这三个要素是最为明显，也是传播活动得以成立的最基本的前提条件。施拉姆认为：“传播至少要有三个要素：信源、讯息和信宿。”[②] 但只有这三个要素还不足以构成完整的传播过程，还缺少把这三个要素连接起来的桥梁和纽带，即传播媒介。媒介存在于任何信息传播活动中，在上述师生面对面的谈话中，信息内容通过声音及声波的媒介进行传递；在电话交流中，通过电话机和电话线路的媒介进行传播；在微信、QQ 等新媒体上，通过电脑或手机等媒介进行传播。这四要素构成了物理学意义上的传播过程，但是对于人类传播活动的互动交流行为来说，仍未达到完整，还必须把受传者的反应和反馈考虑在内。就手工技艺传承而言，师父发送的信息，如果没有徒弟的信息反馈，也是残缺不全的，无法识别信息传播的有效性与准确性。

综上所述，一个完整的传播过程由以下五种要素构成。

---

① 郭庆光:《传播学教程》(第二版)，中国人民大学出版社 2011 年版，第 48 页。

② 郭庆光:《传播学教程》(第二版)，中国人民大学出版社 2011 年版，第 49 页。

首先是传播者，又称为信源，是信息的发出者。传播者是整个传播活动的引发者、传播者与控制者，决定与控制着信息的传播内容、传播方式与传播走向，居于传播活动的主体性地位，具有一定的优越性。传播者可以是个人，也可以是集体或大众。手工技艺师徒传承活动中的传播者是身负高超技艺、被统称为“师父”的人，虽然他们担任的职务或称号会有所不同，例如传统社会中的“工师”“督办匠”等，但是他们在信息传播活动中的职责与担当却一致，即对手工技艺信息进行编码并发送给受传者。

其次是受传者，又称信宿，是信息的接收者和反应者，即传播者的作用对象，受传者对待信息并不是完全被动的接收，而是具有一定能动性的接收，并通过反馈活动积极地反作用于传播者。而且受传者的身份与地位不是一成不变的，在互动交流过程中，传播者与受传者的身份也处于不断的转换或交替中。受传者把信息反馈于传播者时，他就变成了信息的发出者，即身份转换为了传播者。受传者与传播者一样，可以是个人也可以是群体。手工技艺师徒传承活动中的受传者就是徒弟群体。

再次是讯息，即传播内容。讯息是传播活动中连接传播者与受传者互动交流的介质。通过讯息，两者之间发生意义的交换，达到互动的目的。[①] 讯息与信息的含义相近但也存在着差异性，信息的外延性更广，信息包括讯息，讯息是一种“能够表达某种完整意义的信息”[②]。在手工技艺师徒传承活动中，所传承的内容多元而复杂，有显性内容，也有隐性内容，因此传递的不完全是具备完整意义的讯息，而是外延更广的“信息”，是一种承载于人的身体上的手工技艺信息，故在手工技艺传承活动中宜于使用“信息”一词。

复次是媒介，又称为信道、传播渠道或传播手段。传播者想要将信息

① 参见郭庆光《传播学教程》(第二版)，中国人民大学出版社2011年版，第49页。

② 郭庆光:《传播学教程》(第二版)，中国人民大学出版社2011年版，第49页。

传递给受传者，就需要选择合宜的传播工具或渠道。媒介是传播活动中的核心要素，它连接传播的始端与终端，即传播者与受传者，使传播活动顺利进行。

最后是反馈。在信息传播活动中，反馈是指受传者接收到信息后，将自己对信息内容的态度、情感、评价等回传给传播者的活动。传播者可以根据受传者的反馈与反应检验传播效果，并作出相应的调节与改善，这体现出人类社会传播活动的双向性与互动性特征。受传者的反馈也成为传播者判断传播效果的重要依据。

传播过程的构成要素复杂多样，除了上述五种要素外，也存在其他影响因素，但是“这五种要素是传播过程得以成立的基本条件，在任何一种人类传播活动中，它们都是缺一不可的”[①]。

二、信息传播的一般过程

传播是信息传递的一个动态过程，信息在传播活动中所涉及的诸要素之间相互影响、密切联系，有着缜密的结构性与序列性，共同构成一个系统，即传播过程。传播过程主要由信息的编码、传递与译码构成。

（一）信息编码

编码（encoding）就是“将目的、意愿或意义转化成符号或代码的过程”[②]。编码属于传播者的行为，将信息转换成符号或代码以便媒介载送与受传者接收。信息是通过符号来传递的，符号与意义共同组合成信息。符号是信息的外在形式，英国学者特伦斯·霍克斯说，“任何事物只要独立

---

① 巩红玉等：《传播与社会》，云南科学技术出版社2002年版，第25页。

② ［美］沃纳·赛佛林、小詹姆斯·坦卡德：《传播理论：起源、方法与应用》（第五版），郭镇之、徐培喜等译，中国传媒大学出版社2006年版，第92页。

存在，并和另一种事物有联系，而且可以被‘解释’，那么它的功能就是符号”[①]。意义是信息的内在精神内容。在传播学中，符号与意义是密不可分的共生体。如果没有符号，意义就无法传播；如果没有意义，符号的传播就没有价值。符号的作用就是携带和传递意义。编码就是传播者通过符号传递其携带的意义和内容，实现对信息共享的过程。值得注意的是，传受双方所共享与使用的是符号，而不是意义。因为传播者与受传者对于意义的理解，会因为不同个体的文化背景、生活经历、专业经验的不同而产生差异。

所以，编码就是信息符号化的过程。此时，在传播者身体上汇集的待编码的信息是已经经传播者收集、加工与整合过的处于预备发送状态的信息，并不是未经处理的原生态信息。传播者把加工提炼后的信息制作和转换为可以供媒介传播和受传者理解的符号或代码的过程，就是信息的符号化过程。符号化的形式多种多样，可以是声音、图像、动作、光、色彩等，同一种信息也可以转换为不同的符号形式，例如“我爱你”的信息，可以通过声音符号大声喊出来；可以通过文字符号写出来；可以通过赠送玫瑰花的物质形式表达出来；也可以通过实际的关爱行为把它展现出来等。

（二）信息传递

当传播者完成信息内容的符号化过程，把信息转换为可供传递的形态如文字、图像、动作后，需要进行信息传递。传播者需要选择传递信息的方式，即应用一定的工具或通过相关渠道进行传递，这种工具或渠道就是媒介。“符号是个抽象的意义项，载体与媒介是包裹并传送符号感知的物

① 许正林：《欧洲传播思想史》（修订版），上海人民出版社2022年版，第612页。

质。”[1] 媒介是传播过程中的核心要素，它连接传播的始端——传播者与终端——受传者，使信息从传播者传递至受传者，故而传播学中把媒介称为“传送器”。信息传播过程就如同邮寄快件，将邮寄物品打包成便于运输的形态，再通过飞机、火车、汽车等运输工具，将邮件快速、有效地运输到收件人手中。三种运输工具各具特点，运输能力和速度各不相同，邮寄者可以根据邮寄物品的特点与邮寄要求进行合理选择。这里的运输工具就等同于信息传播活动中的传播媒介。

不同的传播媒介有着负载符号的不同特点。纸质媒介主要承载文字与图片符号，其特别善于发挥文字符号易于记录与存储的特征优势，而对于其他符号则表现力较弱。身体媒介，特别擅长发挥非语言符号的表现力，如体态符号、副语言等。所以，在信息传递过程中，传播者根据所传递信息内容的自身特点与传播要求，选择合适的传播媒介，是获得较理想的传播效果的重要环节与手段。即运用不同的传播媒介会带来不同的传播效果。例如，面对面的在场传播就要比广播、电视等间接媒介物的传播方式更具有说服力和反馈优势。

（三）信息译码

在信息传播活动中，译码（decoding，也称为解码）位于传播过程的终端，由受传者完成。译码是编码的逆过程，就是受传者把传播者符号化的信息再从符号中提取与转换出来，解读出符号所附载与所要表达的内容与意义。编码是以传播者的表达为中心，译码是以受传者的理解为中心。[2] 所以，受传者识别与接收的信息并不一定与传播者发送的原始信息完全一致，受传者识别符号的意义会因人而异。在传播活动中，信息所产生的意

---

① 赵毅衡:《符号学原理与推演》（修订本），南京大学出版社2016年版，第121页。

② 参见胡霞、罗昕《符号的交际功能》,《北京理工大学学报（社会科学版）》2003年第5期，第20页。

义主要有两层：一是编码者自己建构的意义；二是译码者根据自己的个人情况与社会背景等解读框架而理解的意义。“讯息符号化与符号化中的‘讯息’有时并非完全等同，尽管后一讯息总是力求接近前一讯息，但往往不能如愿。”[①] 所以，传播者与受传者的编码意义与译码意义会出现不同程度的差异，形成影响信息传播的“噪声”。

编码、传递与译码构成信息传播的基本过程，也是信息传播的基本规律。在此基础上，传播学者们以建构模式的方法，对传播过程的结构作出诸种总结与描述，提出了“拉斯韦尔模式”“香农—韦弗模式”“奥斯古德—施拉姆循环模式”等。“香农—韦弗模式”是比较典型的单向直线模式，由美国信息学家 C. 香农和 W. 韦弗在《传播的数学理论》一文中提出。它的主要贡献在于“导入了噪音的概念，表明了传播不是在封闭的真空中进行的，过程内外的各种障碍因素会形成对讯息的干扰”[②]。“奥斯古德—施拉姆循环模式”由心理学家 C.E. 奥斯古德首创，传播学者施拉姆在他观点的启发下于 1954 年提出。在“奥斯古德—施拉姆循环模式”中，传播者既是符号的编码者也是译码者，受传者既是译码者也是编码者，两者处于循环往复的传播过程之中。

本书主要采用“拉斯韦尔传播过程模式”（图 2-1）的观点与框架进行理论建构。在传播学研究史上，拉斯韦尔[③] 首先以模式研究的方法对人类社会的传播活动进行分析，提出了构成传播过程的五种要素，即传播者、传播内容、传播媒介、传播对象、传播效果，并以一定的结构顺序将它们进行排列，这就是著名的“5W”模式（“W”在此分别是英语中 5 个

---

① 黄华新、陈宗明主编：《符号学导论》，东方出版中心 2016 年版，第 50 页。

② 郭庆光：《传播学教程》（第二版），中国人民大学出版社 2011 年版，第 51 页。

③ 哈罗德·拉斯韦尔（Harold Lasswell，1902—1978），美国政治学家、社会学家、心理学家和传播学者。他于 1948 年发表的论文《传播在社会中的结构和功能》中首次提出了“拉斯韦尔传播过程模式”。

疑问代词的第一个字母）或“拉斯韦尔模式”。拉斯韦尔的传播过程模式对传播学的立足与发展产生了重要影响，它第一次将人们阐述不明的传播活动作了比较明晰的表述，为人们理解传播过程的结构和特点提供了具体的出发点。大众传播学的五大研究领域——控制研究、内容研究、媒介研究、受众研究和效果研究，便是遵循拉斯韦尔的5W要素建构而成的。拉斯韦尔模式为传播学搭建起了一个比较完整的理论构架。对此，本书第三章中将结合手工技艺信息作具体论述和补充。

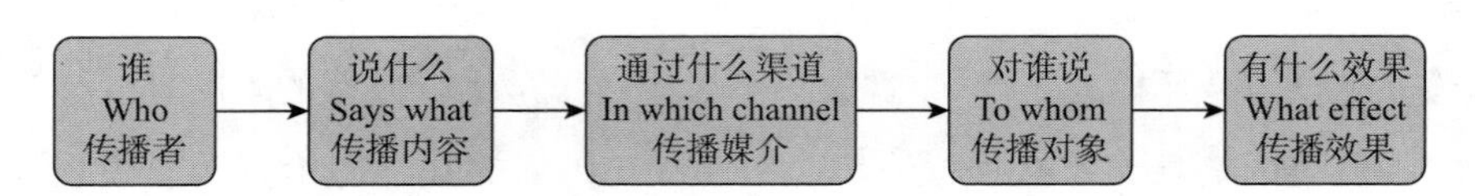

图2-1　拉斯韦尔传播过程模式

但是，拉斯韦尔模式也有不足之处。作为早期的传播过程模式，它过于简单化和欠缺完整性，没有把受传者的反馈机制包括在内，属于单向直线传播模式，未体现出传播活动的循环互动性质。同时，它也忽略了传播过程中外部环境的影响因素，即“噪声”的存在，因为传播活动不可能脱离社会空间在真空中独立完成。因此，本书在后续论述中又引入了“香农—韦弗模式”的“噪声”理论。“噪声”概念的提出对传播学的发展起着不可忽略的重要作用，它把影响传播过程的内外因素看作一个有机整体，不仅在内部传播运行中可以产生各种“噪声”，而且与传播过程有机联系着的外部因素也能产生“噪声”。故传播者、传播环境、传播媒介、社会政策、法令制度、受传者等都是影响“噪声”产生的因素，它们是互相关联与互相制约的整体。此理论一定程度上从传播学的角度解释了手工技艺在历史长河的传承活动中不断地出现发展、停滞、失传、失真等现象的原因，有助于从侧面审视与探索影响手工技艺师徒传承的有利因素与传播“噪声”。

第二节　手工技艺师徒传承的传播过程

基于上述关于信息传播过程的构成要素、结构与传播过程的分析，依循这些理论架构，本书将手工技艺师徒传承的传播过程归纳与总结为手工技艺信息的编码、传递与译码。

一、手工技艺信息的编码

手工技艺信息的编码主体是师父，师父将手工技艺信息转换成口语、文字、图像、动作等相关符号或代码的过程就是编码，换言之，手工技艺信息的编码就是手工技艺信息符号化的过程。符号承载着技艺信息，传递着信息所携带的意义与内容，实现着对手工技艺信息的共享。手工技艺信息的符号化形式多种多样，运用不同的符号会产生不同的传播效果。不同的信息类型根据其信息特征与传播目的都有最适宜其传播的一种或一类符号形式。手工技艺是以人的身体为载体，通过身体动作的活态行为展示出来的一种信息。手工技艺师徒传承的主要目的是将承载于师父身体上的技艺传授到徒弟的身体上。所以，将手工技艺信息编码为身体动作的符号形式，无疑比声音、文字、图像等符号形式更加直接和便捷，传播效果更为理想。当然，这也涉及手工技艺信息的不同类型，要具体信息具体分析。

手工技艺信息分为显性信息与隐性信息，师父在对手工技艺信息编码时要区别对待，针对手工技艺信息的不同类型，选取符合技艺信息类型的编码形式与符号进行。可确切度量和客观把握的合规的、可视的显性信息，易于清楚表达，可以以多种符号形式进行编码。例如，玉雕工艺中砣具的使用（图 2-2、图 2-3），师父可以将使用方法与技巧信息通过声音语言讲述给徒弟听，也可以通过图像的符号形式画给徒弟看，更可以以动作演示的方式“做”给徒弟看。无法清晰表述的被模糊性包裹着的隐性信息，因其不易于编码，师父则要比显性信息的编码多费心思。隐性信息往往存在于师父虽看似不经意而实则合理地为徒弟安排的练习时间、练习强度、训练方法以及适时的点拨与指导中，甚至是在生活中潜移默化的影响

图2－2　各种类型的砣具

图2－3　横机上的斩砣

等一系列长期过程中，这些会形成一种无形的合力，促使隐性信息编码成功。所以，隐性信息的编码是无形且多元化的，即所谓“无法胜有法”。

手工技艺信息的编码要保持基本的传播要求，即客观性、可识别性，师父不可违背手工技艺客观规律任意而为。同时，师父在编码时要保持手工技艺信息的实践性与核心性等独特性的传播要求。核心技艺是手工技艺信息的内核与关键要素，如果核心技艺无法得到有效的编码与传递，手工技艺也将失去其最本质的特点，失去其独立存在的价值与意义，变得失真或者失传。师父对关涉手工技艺本质规律的材料的有效利用、“因地制宜”等核心技艺都要进行重点编码。当然如果师父不情愿传授，也会规避核心技艺的编码，选择无关紧要的次要技艺进行编码与传递，这涉及传播者主观噪声的问题，将在第四章中重点论述。在正常而完整的手工技艺信息的传播活动中，核心技艺的准确性与有效性编码无疑是重中之重。

总之，师父作为手工技艺信息的信源与传播者，在对手工技艺信息进行有效编码后，手工技艺信息已经转换为一种可供传递的、有利于媒介传播与受传者识别、理解的符号形式，这样就可以进入下一个环节——信息传递。

二、手工技艺信息的传递

当师父完成手工技艺信息内容的符号化过程，把技艺信息编码为可供传递的形态如文字、图像、动作后，需要把技艺信息传递出去，此时，师父需要选择传递技艺信息的方式，即运用一定的工具或通过相关渠道进行传递，这种工具或渠道就是媒介。“从某种意义上说，信息不像物质那样具有实物或‘质量’。”[①]“信息本身虽然是一个变量，但它不能自己流动，

① 郝朴宁、覃信刚主编:《广播电视新闻评论》，重庆大学出版社2013年版，第187页。

其流动是通过载体实现的，即信息的传播是依靠物质（符号和媒体）进行的。”[1] 所以，手工技艺信息的传递就是师父选择传播媒介以保障技艺信息客观、有效地传递至受传者的过程。师父根据所传送技艺信息内容的自身特点与传播要求，选择合适的传播媒介，是获得较理想的传播效果的重要环节与手段。手工技艺信息的传播媒介多种多样，有身体媒介、纸质媒介、实物媒介等。手工技艺信息由于承载于人的身体上，具有活态性与实践性的特征，故主要运用语言传播、肢体传播以及实物传播的方式进行。

由于手工艺人们的受教育程度素来不高，大多不擅长理论总结与文字撰写，另外，纸质媒介主要在于发挥文字符号易于记录与存储的特征优势，并不适宜手工技艺信息的活态性特点。所以，在手工技艺信息传播活动中多以声音语言的形式进行讲解与传授。声音语言传播速度较快，而且能及时进行信息反馈，使整个传播活动保持了速度性与有效性，但是它难以保存、稍纵即逝，而且还带有语言本身的模糊性等特征，这给手工技艺信息的传播带来了一定程度上的“噪声”与阻碍。

身体是人类最天然和最高级的传播媒介和载体。手工技艺信息因其以身体为载体，并通过肢体动作的形式得以表征的特点，使其主要通过身体的“动作示范”与“手把手”身体接触式传播的方式进行信息传递。动作示范的目的是使师父的动作操作在徒弟的大脑中形成动作表象，以指引徒弟的后续操作与练习；在“手把手”身体接触式传播中，师父握着徒弟的手操作，让其通过触觉感知师父的手的操作力度与角度，感知手工技艺信息的精准与玄妙之处。这种信息传播方式具有直接性的特点，准确性高、速度快捷，能有效提高信息在中间过程传递中的传播效率。

实物媒介是指在传播活动中以静态的、具体的、可感知的物质为载体传递信息的一种居间工具。实物身上承载、储存与运输着信息，实物既是

① 郝朴宁、覃信刚主编:《广播电视新闻评论》，重庆大学出版社2013年版，第186页。

信息本身又是媒介。手工技艺是一种无形的、活态的非物质文化遗产。手工技艺的创造行为本身虽然没有物质形式，但是它并非与物质因素绝缘，它需要以物质为依托将技艺形态呈现出来。技艺最终也要物化为手工艺品，所以，实物成为承载与传递信息的媒介。实物媒介具有视觉直观性的特点，徒弟可从手工艺实物上观察到工具使用的痕迹与制作手法，即手工艺实物本身就在散播着信息，等待着受传者的信息接收与译码。关于手工技艺信息的不同传播媒介的表现形式、传播特征以及与传播效果的关系，将在第三章第三节中结合具体事例进行重点论述，此处不再展开论述。

师父在手工技艺信息的传递环节中，不论采用何种传播媒介，都要始终保持信息传播的基本要求，确保技艺信息的准确、客观与有效传播，不可刻意歪曲信息，以提高技艺信息传播质量与传播效率；也要遵守手工技艺信息的特殊性传播要求，保持技艺信息传播的实践性要求和体验性特点，在身体的体验与实践中传播与接收技艺信息，以维护技艺信息的身体性与活态性特点。

三、手工技艺信息的译码

在手工技艺信息传播活动中，徒弟位于传播过程的终端完成译码过程。译码就是徒弟把师父符号化的手工技艺信息再从符号中提取与转换出来，并解读出符号所附载与所要表达的内容与意义的过程。徒弟识别、理解与接收的信息并不一定与师父发送的原始信息完全一致。手工技艺信息在传播活动中所产生的意义主要有两层，一是师父基于自身背景建构的意义，二是徒弟根据自己的个人情况与社会背景等解读框架而理解的意义。虽然徒弟解读的意义总是力求接近师父的原信息，但是往往难以如愿，这就导致了译码信息与编码信息的不同。

不仅师徒双方对信息的意义解读不同，即使同样作为徒弟，相互之间理解与译码的结果也会出现差异性。例如在手工技艺师徒传承活动中，师父向徒弟甲和徒弟乙发送了相同的手工技艺信息，两位徒弟的理解与接收效果却不见得一致。他们由于成长背景、文化程度、性格品性等因素互有差异，导致对同一条技艺信息的理解能力与识别效果自然也不同。这主要是因为，一方面师父作为编码者有意识或无意识地试图将基于自身背景和特性的信息的意义传递给徒弟；另一方面，徒弟作为译码者又基于自身背景与文化视角去解读符号的意义，两者之间对原始符号与意义的看法就发生了不同程度的变化与差异性。[①] 这也体现出徒弟译码信息的主观性与能动性特征，徒弟对师父所传递的手工技艺信息不是全盘接收，而是有选择性地注意、理解与记忆，即传播学中的“选择机制”。

徒弟对手工技艺信息的译码过程主要由感知、思维与体验等方式组合而成。

首先，通过感知方式译码。徒弟译码信息的第一道门槛是感官系统，身体外的刺激与信息首先作用于人的感觉器官，感官系统是否正常和灵敏决定着徒弟接收信息的顺畅、有效与否。不同的信息类型，接收信息的感官类别也会不同。由于手工技艺是一种由一系列动作组合而成的、需要在历时性过程中展现出来的信息，主要通过师父的动作示范或“手把手”教授得以传播，因此手工技艺在信息接收与译码过程中，以视觉的感官系统为主要方式；同时，也需要通过“倾听”的方式对师父的口诀、口语等信息进行接收，通过触摸感知的方式对师父制作的手工艺实物信息进行接收。所以，徒弟作为受传者首先要通过“观察”的视觉感知方式，兼听

---

① 英国当代文化研究之父、伯明翰学派的重要代表人物斯图亚特·霍尔曾依据接收者译码符合文本意义的程度将译码分为三类：1.霸权式译码，即接收者的理解与传播者想要传达的意义是一致的；2.协调性译码，即接收者的译码部分符合传播者的本意、部分违背其本意，但并未过分；3.对抗性译码，即接收者所得意义与传播者的本意截然相反。

觉、触觉等辅助性感知方式接收信息。

其次，通过思维活动译码。感知系统是较简单的初级认知过程，思维是复杂的高级认知活动，是在反复感知的基础上产生的。感知所认识的只是当时作用于感官的事物或现象，思维却能认识肉体感官所不能及的那些事物的本质和内在联系。感知行为与思维活动各具特色与功用，二者相互联系、相互作用，贯穿于整个信息接收与译码过程中。徒弟在通过感知系统接收到师父发送的信息后，通过神经系统通道将信息上传到大脑，大脑运用思维活动对信息进行处理与解读。在思维的过程中，脑中闪现的是具体的形象与动作表象。例如，师父做出一个关于菩萨头像琢制手法的动作示范，徒弟通过眼睛的“观看”将信息上传到大脑，在大脑皮层形成视觉表象与动作表象。大脑在对信息进行处理与思考的过程中，脑中呈现出来的就是刚刚看到的菩萨形象，以及为了创造艺术形象而进行的制作步骤、动作操作和工具的使用等画面，这就是手工技艺信息在译码过程中与思维活动的联系。

最后，通过体验方式译码。通过体验方式对手工技艺信息译码是技艺传承的独特之处。一般信息的译码在经过感知行为与思维活动之后，基本上就已经完成了对信息的接收与理解，解读出基于受传者自身背景与文化结构的意义，并不需要受传者自行去体验信息。没有人会在听到某人自杀的消息后，自己去亲身体验这条信息以完成译码，即一般性信息不需要受传者的体验与实践便可以完成译码活动。但是手工技艺信息的译码仅有感知行为与思维活动是不完整的，通过感知系统上传与存储于大脑中的信息只是关于手工技艺的指导性知识，仅停留在纸上谈兵阶段，并不是真正掌握了这门技艺，还需要受传者通过亲身体验与实践将信息转化到身体上，成为一种身体机能与身体记忆，至此才算完整地完成了手工技艺信息的译码过程。

例如，玉雕技艺中地藏菩萨（图 2-4、图 2-5）的造型口诀“莲花

图2－4　李博生边绘图边教授地藏菩萨口诀

眼，悬胆鼻，柳叶眉，一字口，下巴方中带圆”[①]，师父将地藏菩萨的造型经验与信息编码为口诀的形式说给徒弟听，徒弟听到口诀后，动用大脑思维进行判断、思索、理解，口诀停留在了大脑皮层中成为一种理论性信息与知识，指导着自身在实践活动中对地藏菩萨“莲花眼，悬胆鼻”等的雕琢与刻画，继而徒弟在琢玉的实践活动中领悟与体验艺诀所述内容，并通过反复练习将此种琢玉技艺转化到自己身上成为一种技能。至此，徒弟即完成了艺诀的译码过程。

图2－5　徒弟琢制的地藏菩萨小玉件

① 李博生采访语录。

综上所述，手工技艺传播过程主要包括信息的编码、传递与译码。在每一个传播环节中，手工技艺信息既有一般性信息的传播特点，也有因手工技艺信息的实践性、身体性等特色而具有的独特性。本章对手工技艺传播过程进行简要分析，旨在为下一步对手工技艺信息传播效果及其影响要素的探析与论述奠定基础。

第三章

手工技艺师徒传承的传播效果

在传播学研究理论中，最为经典的“拉斯韦尔传播过程模式”首次提出了构成传播过程的五种要素，即传播者、传播内容、传播媒介、受传者（传播对象）与传播效果。它们以有序的结构顺序进行排列，构成了传播过程。传播活动与过程的最终目的是取得准确、高效与优质的传播效果。因此，作为传播活动的终极目标，传播效果是传播活动的重要研究对象，也是把传播学各环节串联起来的主线。手工技艺师徒传承活动同样如此，一切关于手工技艺传授活动的最终目的都是取得良好的传承效果，使手工技艺代代相传、一脉相承，所以，本书的论述重点就是关于手工技艺师徒传承的传播效果分析。本章主要从传播者、传播内容、传播媒介、受传者四方面厘析出影响手工技艺传播效果的有利因素以及传播“噪声”。这样从传播学的视角可以比较客观与理性地探析手工技艺传承断代或一脉相传等不同传承效果背后的内在原因，从而为找出或解决手工技艺如何实现高效优质传承的相关问题提供一定的理论依据与建议。

第一节 传播者与传播效果

一、传播者的特点

手工技艺师徒传承是个人对个人或个人对群体进行信息传播的活动，属于人际传播[①]范畴。手工技艺师徒传承中的传播者，主要是指手工技艺信息的掌控、编码与发出者，即“师父”[②]。师父作为手工技艺传承活动的发起人与活动主体，是手工技艺传播内容的发送者，处于手工技艺传承活动中最优越的地位，主要决定与控制着“传播什么技艺信息”和“如何传播技艺信息”，其中包括传播内容的质量、数量、形式、对传播内容的取舍，以及运用何种传播工具和手段来达到预期的传播效果等内容，同时，手工技艺传播者因其传播内容——手工技艺信息的独特性，又具有区别于一般信息传播者的特点。

首先，手工技艺是一种承载于人的身体上的信息，所以，手工技艺信息的传播者既是信源（即信息的生产者与提供者），又是信息的传播者与储存者，甚至还是信息本身。

手工技艺的实践性特征，使实践主体通过反复模仿与练习将手工技艺

---

① 人际传播是个人与个人之间的一种信息传播活动，是两个或两个以上的人相互之间进行信息交流与沟通的一种传播方式。人际传播是最简单、直接的公共关系活动。它具有随机性，通常是个体之间面对面进行信息传播，即传受双方可以借助语言或面部表情、身体姿态等非语言符号随时调整自己的传播行为，以便于沟通的顺利进行。人际传播又具有灵活性，即传、受双方可以不受时间、空间限制，通过信件、电话、电传等媒介进行信息交流。

② 这一称呼在中国古代官营手工业组织机构里也称为“工师”“工丞”“督办匠”“作头”“都匠”等，他们不仅教授徒弟技艺，而且也管理、组织与支配着他们。为了论述的方便，本书以“师父”一词统称手工技艺信息的传播者。

内化为身体的一部分，人的身体成为具备手工技术能力的身体，形成生理上的身体机能与惯性。通俗来说，就是手工技艺信息长在了传播者的身体上。所以，手工技艺的传播者既是信息的生产者与提供者；同时也是信息的储存者，手工技艺一旦内化为一种身体记忆与身体机能，技艺信息就储存与固定在了传播者的身体中，通过语言或肢体运动将其呈现出来，实现手工技艺信息的传播与共享。这种封存于身体内的技艺信息具有储存牢固、不易遗失与忘记等特点，例如琢玉、拉坯等技能学成后会形成一种肌肉记忆与身体惯性，基本上终生难以忘却。

其次，手工技艺信息的传播者传递的是可再生信息。

手工技艺是一种以人的身体为载体，以人力为主要动力进行生产与制作的创造性手段。"'在身的'工力作为生产力的动力，一方面体现了生命力本身的活性，另一方面也体现了不可从中剥离的人文性质。它交融身心的统一性和复杂性，以及依存于生命本体的生命性，是现代动力学所不可能格致的。"① 手工技艺的本质是创造，这种创造性是由它依存于身体的生命属性所决定的。身体是不可重复或者个性化的，不仅不同的生命个体，即使相同的生命个体每天也以"日日生、日日新"② 的面貌赋予世界以多样化与创新性。手工技艺被不同的生命个体自主把握与支配，体现出人类在实践过程中的生命体验和生命价值，这完全有别于大工业生产在"技术理性"支配下的千篇一律性，塑造出手工技艺独有的人文性质。所以，由于人类身体的生命力的流动性与个体化的独特性，手工技艺信息在不同生命个体之间的传播过程中不是一成不变的，它会不断地再生与更新，体现出身体生命力"日日生、日日新"的创造性。正如吕品田所说，"基于技术

① 吕品田:《动手有功——文化哲学视野中的手工劳动》，重庆大学出版社2014年版，第113页。

② 吕品田:《动手有功——文化哲学视野中的手工劳动》，重庆大学出版社2014年版，第109页。

本体的这种特性，传统手工技艺的物化功绩必然贴合手艺人生命本体的活态流变状态，就像自然生命运动一样，总是不可逆转地富于变化，所呈现出来的永远都是一派不加重复的新态或新貌”[①]。

所以，手工技艺信息的这种生命性、活态性与可再生性，使其在传播过程中不可避免地携带与融入了传播者的主观意识。师父的思想观念、技艺水平、人格魅力、情感状态等因素都介入传播活动中，形成“信源的可信性”，直接或间接地对受传者的信息接收与译码效果产生作用力。同时，师父作为发送技艺信息的行为主体与控制者，他对手工技艺信息的处理、加工与编码能力也直接影响与制约着手工技艺信息的传播效果。

二、传播者的“信源可信性”

传播学者在长期的研究中总结出一条规律，即受传者对信息的相信程度取决于其对该信息发送者的信任程度，这种信任来源于传播者的权力、地位、社会信誉、威信、知名度等，即权威性越高的人发送的信息越容易取信于人，反之亦然。“事实上，发送者是什么人，这本身就是任何信息的一个至关重要的组成部分，它的作用之一就是帮助我们确定对该信息相信到什么程度。”[②]可信度是指受传者对信息传播者的信任、接受与认可的程度，它是能否改变他人态度与行为的一种能力的外在表现。相同的信息内容由具有不同社会地位和声誉的传播者发出，信息的被接受与被信任程度是不同的，它左右着受传者对信息的真伪与价值的判断。在传播学研究史上，学者们策划与组织了诸多实验去验证这条规律，例如著名的霍

① 吕品田:《以学历教育保障传统工艺传承——谈高等教育体制对“师徒制”教育方式的采行》,《装饰》2016年第12期。

② ［美］阿尔文·托夫勒:《力量转移——临近21世纪时的知识、财富和暴力》，刘炳章等译，新华出版社1996年版。

夫兰[①]实验。1951年，霍夫兰将实验对象分作两组，分别告诉他们比较具有争议性的信息，如“在美国当下是否建造核潜艇”的问题。然后告诉第一组实验对象，这条信息出自可信度较高的信源，即来自受人尊敬的美国原子弹之父奥本海默；告诉第二组对象，信息出自可信度较低的信源，即当时名声不佳的苏联的《真理报》。最后测量他们被劝服的信息反馈情况。第一组相信信息出自奥本海默的实验对象大多改变了原先不信服的态度。实验证明“高可信度信源”的说服效果要高于“低可信度信源”，传播效果更容易奏效。[②]作家富尔曼诺夫也如出一辙地说道：“一个知名的、出色的人物，偶然讲出一句话，有时甚至是一句没有道理的话，比起一个碌碌无名的‘庸才’所提出的绝对有道理的意见来，更受人家的推崇，这是人的很奇怪的特性，但是往往如此。”[③]1953年，霍夫兰与凯尔曼又做了一个关于“如何对待失足少年”的实验，再次验证了传播者的可信性与传播效果之间的关系。“他们将实验对象分成三组，分别向他们播放可信度高信源（一位有声望的法官）、可信度中信源（在场者中的一位）、可信度低信源（少年时代有犯罪经历，近因贩毒入狱刚获保释的一个男性）的谈话录音。”[④]实验对象普遍接受与相信了权威性高的信源提供的信息。因此，“霍夫兰等人提出了‘可信性效果’的概念：一般来说，信源的可信度越高，其说服效果越大；可信度越低，其说服效果越小”[⑤]。信源的可信性成为制约、影响或改进传播效果的重要因素。

---

① 卡尔·霍夫兰（Carl Hovland，1912—1961），实验心理学家，是宣传与传播研究的杰出人物，传播学奠基人之一。1912年6月12日出生在美国芝加哥，1936年在耶鲁大学获得博士学位后，曾担任该校心理学系讲师、助理教授、教授。“二战”期间和战后，他和一批心理学家做了大量实验对态度与说服进行了细致研究，提出了众多影响较大的理论，形成了“耶鲁学派”，其著作有《传播与说服》等。

② 转引自郭庆光《传播学教程》（第二版），中国人民大学出版社2011年版，第183页。

③ ［俄］富尔曼诺夫：《恰巴耶夫》，葆煦译，人民文学出版社1957年版，第125页。

④ 郭庆光：《传播学教程》（第二版），中国人民大学出版社2011年版，第183页。

⑤ 郭庆光：《传播学教程》（第二版），中国人民大学出版社2011年版，第183页。

在手工技艺师徒传承活动中，师父作为手工技艺信息的传播者，其可信度与权威性直接影响着目标受传者——徒弟的信息接受程度，影响着他们心理上的遵从与行为上的执行情况，影响着最终的技艺传承效果。所以，师父的“信源可信度”是测度计量信息传播效果的重要因素与依据。影响师父“信源可信性”的因素有很多，诸如权力、地位、人格、威信、态度、情感等，下面择重点论述。

（一）专业权威

“权威”一词有两层含义：一是指“权力和威势”；二是指“人类社会实践过程中形成的具有威望和支配作用的力量”[①]。其侧重于本身所具有的权力及所产生的影响他人与社会的重大力量。因此，对于手工技艺信息的传播者即师父来说，“权威”可以理解为：在某种手工艺行业领域中，拥有一定的权力、威势、信誉和专业能力，并能使徒弟与行业信服与屈从的力量。权威对象（徒弟）对于拥有权威的人（师父）的这种信服与屈从不是天然的，不是生而有之，它一方面来自外部环境（社会或行业）赋予师父的社会地位所带来的特定社会语境下的敬畏，另一方面源自徒弟对师父所具备的知识才能、人格魅力等人生价值的内心认可，这是通过人的内心法则产生的作用，是拥有权威的人（师父）与权威对象（徒弟）之间达成的一种共识。德国教育家雅斯贝尔斯指出，“权威来自于外部，但同时它在内部也向我说话……权威既来自于外部，但同时它又总是发自于人们的内心中”[②]。所以，师父的权威是作用于徒弟身上所产生的由内而外的被认同、被信任与被尊重的影响力，表征为徒弟对师父的信赖与遵从。

师父对徒弟的权威性影响需要借助某种力量或权威载体来实现，这种

① 《辞海》编辑委员会编：《辞海》，上海辞书出版社1989年版，第3276页。
② ［德］卡尔·西奥多·雅斯贝尔斯：《什么是教育》，邹进译，生活·读书·新知三联书店1991年版，第76页。

权威载体可以是技艺水平，即师父通过高超的技艺水平与广博的知识折服徒弟；也可以是高尚的品格，即师父通过人格魅力与高尚的品德感化徒弟；亦可以是情感，即师父凭借师徒朝夕相处、相濡以沫的情感感召徒弟，赢得徒弟的信赖。这些权威性载体都具有促使徒弟在心理上认可和行为上服从的力量。手工艺行业以技艺立足于天下，因此首要的自然是师父的专业权威。

专业权威是指传播者所掌握的学识水平与专业能力所带来的可信度。它是个人经过主观努力而获得的从事某领域工作所具有的专业知识、专业技能、专业素质等方面总和的威慑力。具备专业权威的人都是各行各业的翘楚和精英，其专业权威具有专业性、指导性与可信服性。例如著名的实验“施米特博士的故事”：美国的一位心理学家给正在做化学实验的同学们介绍了一位“著名的德国化学家”——冈斯·施米特博士（其实他是一位德语教师）。这位博士对着无色无味的蒸馏水说嗅到了一股强烈的气味，同学们受到这位以专业著称的“专家”的暗示，纷纷表示自己也嗅到了同样的气味。[①]这个实验验证了学识水平与专业能力之于人的重要作用，受传者对行业内以高超专业水平著称的“专家”会产生心理暗示与认同心理。专业权威影响着受传者对信息的信任与接受程度以及最终的传播效果。

手工技艺师徒传承中的专业权威有着区别于一般信息的独特性。一般信息的专业权威是远距离的，是认知层面与观念形态上的，不一定在现实生活中可直接接触与感知，往往通过间接手段引起受传者的关注与敬佩，

---

① “施米特博士的故事”：美国的一位心理学教授向学生们介绍了一位被称为“著名的德国化学家”的人，叫冈斯·施米特博士，博士又自我介绍说他正在研究他所发现的一种物质，这种物质的扩散作用极快，人们能够马上闻到它的气味。接着，他打开一个玻璃瓶的瓶塞说里面装的是这种物质的样品，要求闻到气味的学生举起手来。结果，学生们从第一排到最后一排依次举起了手。“施米特博士”满意而去。心理学教授则宣布说那个人不是什么化学家，而是德语教师，玻璃瓶里装的是蒸馏水。

如口碑、媒体宣传、他人推介等，如上述实验中的“施米特博士”只是他人口中的所谓“专家”，同学们并没有直接接触他的专业知识与专业操作。

手工技艺师徒传承活动中的专业权威有更多的可体验性，师父的专业权威并不是束之高阁，而是在和徒弟的日常生活与手工实践过程中通过直接接触慢慢渗透出来的，徒弟可以直接感知和体悟。故手工技艺师父的专业权威有着更多的感性因素，如体验性、真实性与情感性等，权威作用发挥得更加淋漓尽致、沁入人心。例如，中国工艺美术大师郭石林在设计与制作四大翡翠国宝之一的翡翠浮雕插屏《四海腾欢》（图3-1）时，原石翡翠料上有一道位于上部五分之一位置的12厘米的黄棕色绺（图3-2），如果切除掉，将损失一大块料。“郭石林凭借其智慧和经验，把料中未切除的黄色绺裂雕刻成云里闪电和龙嘴里吐出来的水柱。（图3-3）因为绺呈直线形，这与同呈直线形的水柱和闪电不谋而合，恰好可以把绺巧妙地利用、遮藏起来。而且在以弧线形为主体的整个画面中（如龙、水波、云彩等形象），加入几道直线，这样曲直结合反而充实了画面，增强了画面力度，将缺陷变化为神奇。”[①] 这一巧妙构思与制作让在场的徒弟们无不心生钦佩，徒弟亲眼见证师父是如何化腐朽为神奇，如何把棘手难题解决掉的，他们直接感知与领教师父的专业权威，这带来的震慑力与信服感比之观念形态上的认知更加具有力量感和真实性。

另外，师父的专业权威对徒弟产生的心理作用不容低估。“古之学者无大小，盖未有无师而成者。”“师者，传道、授业、解惑也。”“师父”这个称呼本身就表明了他是“在某种技能上有卓越表现并善于传授知识、技术和方法的人”[②]。在手工技艺师徒传承活动中，师父的权威首先来自其卓越的技艺水平与专业能力。这是师徒关系成立的前提条件和师父权威性有

---

① 潘鲁生主编，孙明洁著：《北京玉雕·郭石林》，海天出版社2017年版，第143—144页。

② 韩翼：《师徒关系结构维度、决定机制及多层次效应机制研究》，武汉大学出版社2016年版，第16页。

图 3－1 《四海腾欢》翡翠插屏

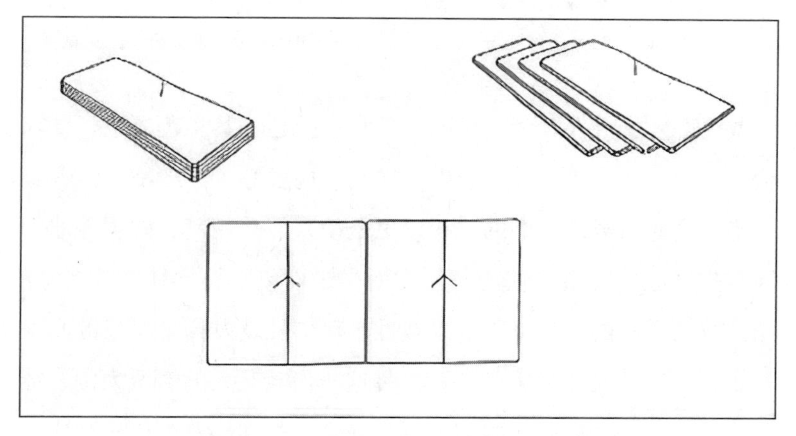
图 3－2 《四海腾欢》翡翠籽料拼接示意图

效运行的基础，同时，也是吸引徒弟拜师求学的最主要原因。师父的技艺水准越高超，徒弟越容易折服，在潜移默化中对徒弟产生的权威性的心理暗示与影响力就越大。徒弟对师父愈钦佩与信赖、认可与遵从，手工技艺信息的传播效果就愈理想与有效。例如玉作中有一种高超技艺——薄胎工艺（图 3-4），它以轻巧秀丽、薄如蝉翼、亮似琉璃而著称，是玉作行业

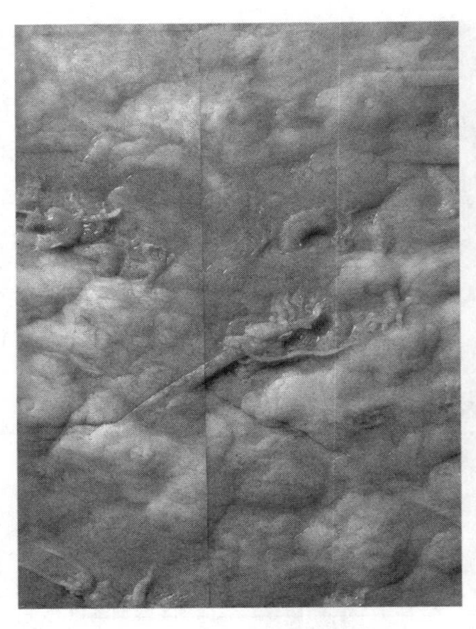

图3－3 《四海腾欢》绺裂处

图3－4 夏长馨《巨龙花薰》

中可以傲视群雄、令人叹为观止的一门高深技艺。其工艺复杂，要求手工艺人胆大心细，在吊线、开坯、内壁加工、掏膛等工序上都非常考验专业功力。特别是薄胎器皿打磨的过程，更是使人战战兢兢、如履薄冰，不少学徒因丧失信心、抵抗不住心理压力而半途而废。而学徒拜入名师门下，师父作为技艺高超的“专家”的权威性与可信性就发挥了积极的心理暗示作用。以著名琢玉大师潘秉衡、夏长馨这一代老艺人的情况为例，徒弟们对师父的技艺水平是满心佩服与崇拜，在学习、实操及制作过程中，师父就是定海神针般的存在，特别是在亲眼见证与接触师父“巧夺天工”的薄胎技艺的制作过程后，徒弟们对师父传授的技艺信息及教导更无丝毫质疑与忤逆。这些都是师父叹为鬼斧神工的薄胎技艺的专业权威性带来的威慑力与信服度，同时也增加了徒弟们学习薄胎技艺的信心与动力。笔者在采访其他玉作学徒的过程中也再次验证了这条定律，即师父的技艺水平越高超，对徒弟产生的权威性与可信性就越强，徒弟越容易在心理上认可与行为上遵从师父的教导，这非常有利于手工技艺信息传播活动的顺畅进行与取得理想的传播效果。

（二）人格感召

人格是一个含义极为丰富的概念，在心理学、教育学、社会学、伦理学等不同学科均有不同的认知。本书主要从道德或伦理的角度进行界定，也可称为人品、品格等，是指人类独有的，由先天获得的遗传素质与后天环境相互作用而形成的、能代表人类灵魂本质及个性特点的品德、品性以及由此形成的尊严和魅力，它是人的人生观、价值观的体现与表征。孔子曾说："其身正，不令而行；其身不正，虽令不从。"[①] 当政者要身正行范、以身作则，一种积极向上、充满正能量的人格品性能对他人产生极强的感染力与促进性。卢梭对此类现象也作过论述，"有一个道德败坏的人，曾在斯巴达的议会里提出一条好建议，监察委员们置之不理，却让另一个有德行的公民来提出同样的建议"[②]。人格感召即个体在品格、道德等方面呈现出来的威望与魅力所具有的影响力。手工技艺信息的传播者——师父作为现代意义上的教师，其人格感召的作用更加鲜明与重要，正所谓教师的人格是教育的基石。俄国教育家乌申斯基说："教师人格对于年轻的心灵来说，是任何东西都不能代替的、最有用的阳光；教育者的人格是教育事业的一切。"[③] 在传授技艺、知识与文化的手工技艺教育界，具有高尚人格的师父永远是徒弟的学习榜样。

师父的人格感召力主要是在长期的社会实践中基于个人素养积淀而成的，表现为其在道德品质、品性等方面独特的感染力、影响力与号召

---

① 李剑桥主编：《儒家经典》（中卷），中国三峡出版社1997年版，第1086页。

② ［法］让－雅各·卢梭著，乔坤、张静编译：《社会契约论》（导读本），中国商业出版社2010年版，第125页。

③ 顾永安编著：《教与学的心理学》，苏州大学出版社2003年版，第95页。

力。师父的人格力量是巨大的，师父高尚的品德、独特的个性甚至是一言一行所彰显出来的人格魅力将对徒弟产生潜移默化的积极影响，即“己不正焉能正人”。它是真正获得徒弟内心的认可和服从、尊重和信任的一种引导性的精神力量。当徒弟被师父高尚的品格感染，被师父高超的技能折服时，徒弟会对师父产生发自内心的认可、钦佩与信赖之情，这种情愫不是师父所拥有的外部的权力、地位或社会制度规则可以催生出来的，它是一种发自内心的心悦诚服，即“以身教者从，以言教者讼”(《后汉书·列传·第五钟离宋寒列传》)。俄国教育家乌申斯基说过：“在教学工作中，一切以教师的人格为依据。因为教育力量只能从人格的活的源泉中产生出来，任何规章制度，任何人为的因素，无论设想得如何巧妙，都不能代替教育事业中教师人格的形象。”[①]师父的人格威望与信誉所发挥的榜样作用，使徒弟在心理上趋同，在行为上遵从与模仿，有利于促进手工技艺信息的顺利传播与有效接收，达到显著的传播效果。而且，手工技艺师徒传承活动中的师徒双方在日常生活中近距离地接触，徒弟对于师父的品德、言行等有更加直观的认知与体会。师父的人格魅力通过生活点滴渗透到徒弟心中，更具有润物细无声式的感知特性与微妙的传播效果。

作为师父应该具备什么样的人格感召力，程颐在《二程全书·明道先生行状》一文中评价其兄程颢（明道先生）时说：“先生资禀既异，而充养有道，纯粹如精金，温润如良玉，宽而有制，和而不流……视其色，其接物也，如春阳之温；听其言，其入人也，如时雨之润。胸怀洞然，彻视无间；测其蕴，则浩乎若沧溟之无际；极其德，美言盖不足以形容。”[②]这是作为为人师表的师父最美好的人格向往。当然，师父人格的内涵会随着时代的发展而不断变化与更新，不同行业的人格内涵也会有所侧重，不论

① 罗文浪、戴贞明、邹荣等编著：《现代教育技术》，北京理工大学出版社2015年版，第151页。

② （宋）程颢、程颐撰，邵逝夫导读：《河南程氏遗书》，黄山书社2022年版，第473页。

是何种方式，它都应该对社会风尚和道德环境起到良好的引导作用，对他人和社会有所作为与奉献。手工技艺师徒传承在注重技艺教授的同时，也注重“德”的传播。“德”贯穿于“技”的传习过程中，不管是择徒还是拜师，师父、徒弟往往都以“德”为考察的前提条件。例如中国工艺美术大师李博生的大多数徒弟都是慕名而来，这里的“名”不仅是李博生凭借高超的制玉技艺取得的江湖地位，还有他超然卓绝的德行与品格所博下的盛名。尼采说过：“要提高别人，自己必须是崇高的。”李博生以一己之力、年迈之身在宣扬玉文化与促进玉器行业发展上不遗余力，在传授徒弟技艺上煞费苦心（图 3-5、图 3-6），这些优良品格使徒弟们对师父所传授的技艺内容与方法，以及一言一行所传递出来的人生哲理深信不疑，师父成为徒弟学习的榜样与人生的启明灯。这在一定程度上也有效地安抚与缓释了初学者那颗躁动不安的心。沉静安定的心态对于琢玉者至关重要，只有能坐得住、耐得住寂寞，才能安心学艺，才能有所学成。

图3-5 李博生指导徒弟

图3-6 李博生上课

（三）情感依赖

情感因素在“信源可信性”中占有重要的一席之地。情感是“人对客观事物是否满足自己的需要而产生的态度体验”①，是人类所特有的、区别于动物的、与社会性需要相联系的一种心理体验及相应的行为反应，它可以使人与人之间趋近或疏远。在日常生活中情感每时每刻都伴随着我们，它也是人与人之间建立社会联系的纽带。正如黑格尔所言，“我们简直可以断然声称，假如没有热情，世界上一切伟大的事业都不会成功。因此有两个因素就成为我们考察的对象：第一是那个‘观念’，第二是人类的热情，这两者交织成为世界史的经纬线”②。可见，情感在人类的社会生活中占有重要的位置。

手工技艺传承活动中的师徒情感是复杂、多元而又微妙的，我们常说的“亲其师而信其道”“爱之深而责之切”都是关于师徒情感及其功能的描绘。在手工技艺信息的传播过程中，师徒双方的情感因素贯穿于整个技艺传授的环节。情感不仅在人的心理结构中占据特定的位置，而且还发挥着独特的教育价值。在传统手工技艺师徒关系中，师徒双方形成一种仿照父子关系建立起来的宗法制度下的“拟父子”血缘关系，即“师徒如父子”“一日为师，终身为父”。传统社会中的父子关系代表了两层含义：一个是父亲的权威性，所谓君君臣臣父父子子，三纲五常的宗法制社会规定了子女对父亲权威的绝对服从与情感依附；另一个就是父子间“血浓于水”的亲密血缘关系。师徒关系既然是“拟父子”关系，那么这两方面内涵在师徒情感关系中均有呈现。一方面是师父在情感上的权威性，师父是技艺、文化知识的传播者，具有极高的社会声望，在传统社会他还是统治阶级的代表，与天、地、君、亲并列，故传统师徒关系体现出鲜明的师尊

---

① 周家亮主编：《心理教育》，山东人民出版社2020年版，第203页。

② 北京大学哲学系外国哲学史教研室编译：《十八世纪末—十九世纪初德国哲学》，商务印书馆1975年版，第477页。

生卑的等级性。“在传统社会中，教师代表社会权威，所以对于学生具有绝对的影响力。教学常被认为是一种制度化的领导过程。”[①] 在这种社会与人文语境的规约下，徒弟对师父有着根深蒂固的崇敬与畏惧、信赖与遵从，“遵师命，守师训”，这也是宗法制度下“父权威”的另一种形式的呈现。另一方面，徒弟拜入师父门下，不仅在社会身份上成为“拟父子”关系，在学习、生活空间中，也形成以师父为中心的模拟家庭结构。徒弟寄居在师父家里，生活起居与师父家庭融入在一起，自然也要像对待父亲一样侍奉师父，遵从安排。这里的遵从不仅包括技艺学习，也包括生活方面，如徒弟在师父家中的家务劳动，如“朝学洒扫，应对进退，及供号内杂役，夕学书计，及本业内伎艺”[②]。这就是所谓的“唯父是从”。正如马克思所说：“作为徒弟，他不过是一个学徒，还不完全是真正独立的劳动者，而是按照家长制寄食于师傅。”[③] 这种“拟父子”的师徒相处模式，使师徒在生活中“形影不离”“朝夕相处”，一方面形成彼此间情感上的亲密性与依赖性，另一方面他们在技艺传授上的耳提面命、耳濡目染（图 3-7），正好体现与契合了手工技艺口传心授、言传身教的传承风格，有利于师徒间手工技艺的传授与交流，对传承效果有着重要的促进作用。

综上所述，师父在技艺水平与专业能力上的权威性、人格上的感召力、情感上的依赖性等形成了师父的“信源可信性”。这个“可信性”除了社会或行业所赋予与宣扬的观念形态上的权威性外，徒弟还可以在现实生活中感知、验证与体味，即手工技艺传承活动中的“信源可信性”是师徒之间在生活、学习、手工实践的密切接触中产生并发挥作用的，具有充足的体验性与感性因素，这也是手工技艺“信源可信性”的独特之处。徒弟感知与领悟到师父在专业学识、人格魅力等方面的卓越之处，就会在心

---

① 沈萍霞：《教师权威：困境与出路》，陕西师范大学出版总社 2017 年版，第 24 页。

② 彭泽益主编：《中国工商行会史料集》（上册），中华书局 1995 年版，第 529 页。

③ 瞿铁鹏：《马克思主义社会理论》，上海人民出版社 2017 年版，第 110 页。

理上产生信赖与遵从，在行为上效仿与执行，这一定程度上将抑制与减少徒弟在信息接收过程中的各种传播“噪声”，有利于提高信息传播效果。

图3-7　青海藏族唐卡传承人娘本为学生讲解用金技艺

三、传播者处理信息的能力

在传播过程中待传递的信息并不是天然的、现成的信息，它是经传播者带有主观性与能动性的生产、加工、整理过的信息，这样处理过的信息主次分明、井井有条，有利于信息的符号化传播，所以，传播者处理信息的能力，即收集、生产与编码信息的能力影响着信息传播与传播效果。能力水平高的传播者总是能把复杂纷乱的技艺信息进行有效整理与加工并转换为适宜的符号，如肢体动作、语言、图画等进行信息传递，并有效地控制信息的质量与流量，最终达到较理想的传播效果，反之亦然。

（一）收集与生产信息的能力

传播者对手工技艺信息的收集其实就是对手工技艺的学习与获得过程，获得可供传递的信息内容。手工技艺信息的传播者——师父既是信息的传播者，又是信息的生产者与储存者。汇聚与储存在师父身体上的技艺信息不是凭空而来，而是通过他有意识或无意识的学习和实践行为获得的。一方面是由师父的师父所传授的或者说是累世经验积累下来的手工技艺信息，师父需要付出艰辛的学习与练习才能将信息汇聚于己身，也就是“传承”中“承”的部分，只有先“承”才能再“传”，这样才能保持技艺信息的代代相传；另一方面是师父通过几十年的不断学习、实践与摸索，对手工技艺熟能生巧、融会贯通，在自我发酵与感悟中总结出来的经验教训，逐渐内化为富有个人风格的技艺信息，这是基于信息收集行为之上的信息生产活动。信息生产必须在信息收集的基础上进行，没有前期的有意识的信息收集，信息的生产就犹如无米之炊。两种信息汇聚与内化在师父的身体中，使师父成为信息传播活动中的信源与信息的传播者、储存者，为手工技艺传承活动提供了不可或缺的传播内容。

以李博生为例，他在北京玉器厂工作时，主要是从他的师父——一代玉雕大师王树森（图3-8）那里获取琢玉技艺信息，例如工具的使用、工艺流程、口诀艺诀等，这是李博生有意识地去学习与收集信息的行为。在师父的每次指导、点拨甚至是敲打后，他又结合操作实践去消化与琢磨师父的匠心用意，从而悟出自己的一些技艺心得，逐渐形成自己独特的个人风格，这些是李博生对技

图3-8　玉雕大师王树森

艺信息的生产行为。两种信息既有祖辈传承下来的关于手工技艺的共性信息，也有自己领悟出来的个体经验，这些成为手工技艺传承活动的传播内容。因此，手工技艺的传播者收集信息的环节必不可少，收集与生产信息的能力也至关重要，它一方面决定了传播者自身的技艺水平与专业权威，另一方面也影响着信息的传播效果，即授徒质量。

首先，师父收集与生产信息的能力决定了其自身的技艺水平。收集与生产信息的能力，也就是学习与领悟的能力。例如，李博生在生活中善于观察事物，为了塑造貔貅形象，专门养了两条小狗，每天观察小狗的体态、动作、行为等，并将小狗的生动体态与灵动性运用在貔貅的造型上，使貔貅形象惟妙惟肖，呼之欲出。师父有意识或无意识地收集与生产出来的技艺信息，通过不断的实践练习与经验的积累，逐渐转化为自身的一种造型能力与手工技能，并不断地潜心琢磨、精益求精，使自己的技艺水平屹立于业界，成为专业权威。

其次，师父收集与生产信息的能力为手工技艺信息的传播，即高效优质的授徒奠定了基础。第一，师父收集与生产技艺信息的能力，制约与影响着徒弟的技艺水平与学识眼界。信息传播的容量与质量，影响着受传者的信息接收效果。跟着名师学习，除了师父的地位与名气带来的社会优势之外，更重要的是师父看待世界、人生与技艺的角度和态度，会在潜移默化中影响到徒弟的眼界与品格，这也就是“名师出高徒”的原因。如果师父腹内空空、学识浅薄、技艺不精，即使有着再强的信息传播能力，也很难培养出出类拔萃的徒弟。古代中医名著《黄帝内经素问》中说：“受师不卒，妄作杂术……后遗身咎。”[①]“受师不卒，使术不明……传之后世，反

① 王振国总主编，何永、马君、何敬华校注:《黄帝内经素问》(第2版)，中国中医药出版社2022年版，第370—371页。

论自章。”[①] 虽然这里阐述的是中医师承关系，但与手工技艺的师徒传承异曲同工。如果师父学识不圆满、不系统，会直接导致徒弟无法学到技艺的精髓，甚至影响到后代累世的技艺传承。第二，师父收集与生产信息的能力也会影响到徒弟收集与生产信息的能力。师父在生活与工作中不断地吸纳与生产新的信息，使其信息库不断地更新与发展，呈现出活态发展的特征。中国玉雕手工艺人姜庆在接受采访时说：师父不愿倾囊相授的原因，无非是忌惮徒弟的技艺超越自己。但是如果师父也在不断地学习，不断地把手工技艺信息汇集于自己身体上，不断地生产着新的信息，是不会产生担心徒弟超过自己的狭隘心思的。而且，师父的这种收集信息或者说是学习的态度与方法也会影响到徒弟。例如，李博生通过观察与默写来收集动物、人物造型与素材的方法使徒弟们也用相同的方法训练自身的造型能力与创作能力，收到了事半功倍的学习效果。（图 3-9）

图3-9　李博生徒弟们的线描作品

上述说明，如果师父不故步自封，并不断地收集与生产信息，他就会是一个永不干涸的信息源，可以源源不断地向徒弟传播技艺信息。同时，师父这种收集与生产信息的能力也直接影响与制约着信息的传播效果，影响着传授给徒弟的信息内容的广度与深度，影响着授徒品质与传承效果的优劣。

---

① 王振国总主编，何永、马君、何敬华校注：《黄帝内经素问》（第2版），中国中医药出版社2022年版，第378页。

（二）信息“把关人”能力

在手工技艺传播者的身体上或头脑中所汇集与生产的信息，并不一定都适宜传播，还需要经过进一步的加工、筛选与去粗取精的过程，适时、适地地对徒弟进行针对性传播。对于传播内容，传播者一方面要对信息进行整理、加工和概括，使其系统化、条理化，另一方面要从传播目的出发，对信息进行取舍，舍弃芜杂内容，保留具有说服力的材料。传播者在这个过程中起着“把关人”的作用。“把关人”（Gatekeeper）的概念是传播学的重要理论，由传播学奠基人之一的库尔特·卢因[①]于1947年首次提出，他认为：“信息总是沿着含有门区的某些渠道流动，在那里，或是根据公正无私的规定，或是根据‘守门人’的个人意见，对信息或商品是否被允许进入渠道或继续在渠道里流动做出决定。”[②]后来，怀特[③]将卢因“把关人”的理念运用在传播者的研究上，称为“把门人研究”。在现实生活中，每个人都会站在自己的立场和视角去审核与筛选流动的信息，担当起“把关人”的角色，记者会对采访到的车祸、会议等信息，有选择性地报道；杂志社编辑面对投稿文章，会根据主题需求，选择性地筛选和刊登；电视编导会对所拍摄镜头进行筛选性的使用与剪辑。简而言之，所谓“把关人”就是对信息进行过滤与加工的人。

手工技艺师徒传承活动中的师父同样担任着“把关人”的角色，手工技艺信息多元而复杂，既包括易于言说与言传的客观性、实体化的显性信

① 库尔特·卢因（Kurt Lewin，1890年9月9日—1947年2月12日），德裔美国心理学家，是传播学研究中“把关人理论”的创立者，拓扑心理学的创始人，实验社会心理学的先驱，格式塔心理学的后期代表人，其群体动力论为传播学研究提供了一个新的层面和方法，被视为传播学四大奠基人之一。他在《群体生活的渠道》一文中首次提出了“把关人”理论。

② 方建移编著：《传播心理学》，浙江教育出版社2016年版，第10页。

③ 罗夫·怀特（Ralph K. White），美国管理学家。

息，也包括说不清道不明、不易传播的隐性信息。师父难以把全部信息原封不动地传播给徒弟，而是会抓住核心，对技艺信息进行筛选与加工，减少徒弟对有用信息与冗余信息的分辨和搜寻的工作量，从而提高信息的传播效果。对于手工技艺信息的传播者来说，“把关”既是一种专业能力，也是一份育人的责任与文化传承的担当。

手工技艺信息的“把关人”也有着其独特之处。由于手工技艺信息的目标受传者——徒弟的性格、资质、教育背景、文化程度等各不相同，所以对于手工技艺信息的需求与接受程度也各不相同。师父在传承过程中，需要根据每个徒弟的不同情况有针对性地对技艺信息进行把关、筛选与加工，以契合不同徒弟的个性化特点，这就是手工技艺师徒传承的个体性特征。例如，李博生所教授的徒弟中有的是从正规美术院校毕业的，受过系统的美术训练，造型能力和想象能力都较强，但实践操作能力欠佳，因此，李博生会从他的技艺信息库里有侧重性地提取实操方面的技艺信息有针对性地传授，加强对徒弟的实操技能的指导与培训。而有的徒弟是从职业中专甚至是初、高中辍学就开始学习玉雕技艺的，他们普遍实操能力较强，而造型能力欠缺，对此李博生就会着重增加造型方法与审美规律等信息的传授。手工技艺信息的传播者会根据自己的经验与理解以及对徒弟的了解对技艺信息进行筛选和编辑，有针对性地进行技艺信息的传播，只有充分考虑到徒弟的技艺缺口和信息需求，传承才能取得更令人满意的效果。所以，手工技艺信息的“把关人”——师父的主要功能是：在手工技艺信息传播过程中，针对不同的受传者有选择、有判断地对技艺信息进行“把关”，以契合受传者对技艺信息的理解与接收，从而达到较理想的传播效果。

传播学的“把关人”理论揭示了手工技艺信息需要筛选与加工的事实，也引导着我们思考下一个问题，即手工技艺信息“把关”的具体标准是什么，这个标准是手工技艺师徒传承的实质性问题。不同的手工技艺门类、不同的时代、不同的师父有不同的把关标准，这些不同的信息把关标准决定着手工技艺的发展水平与传承效果。如果师父对手工技艺信息中的核心技艺无法识别与传递，对手工技艺本质特点与发展规律没有清晰的认知，将致使技艺信息遗漏与流失精华和核心；如果师父对手工技艺信息中的一些有悖于客观规律与时代发展的文化糟粕内容无法进行筛选与过滤，那么就会使不良信息得以传播，甚至是代代相传，长远来看会抑制手工技艺行业的发展与传承，反之亦然。所以，师父作为手工技艺信息的“把关人”，责任重大，他对信息的把关与处理水平直接决定着手工技艺是否能长远发展，师父的品德、学识、眼界、技艺水平及能力等综合素养就是这杆“把关”秤上的准星，影响着手工技艺的传承质量。

（三）信息编码能力

在手工技艺信息传播活动中，传播者的编码能力主要受两方面因素的制约与影响：一方面，编码能力取决于传播者是否运用最擅长与最适宜的编码形式与符号。运用不同的编码形式，传播效果会千差万别。例如优秀作家总是能把内心情感通过自己最擅长的文字符号的组合方式丝丝入扣地表达出来，使读者感同身受；而优秀的歌唱家则更易于通过歌唱形式去抒发内心情感，触碰听众内心。如果让两者的编码形式与符号体系互换，估计都会逊色于原来的传播效果。手工技艺具有活态流变性与内容多元性等特点，手工技艺信息的编码形式与使用的符号更是多种多样。师父的信息编码能力决定着徒弟接受与译码信息的程度，师父是否运用自己擅长的符号体系，也关系到传播效果的差异。例如琢玉大师王树森在教授徒弟关于物体造型的技艺内容时，由于他不擅长运用绘画的形式进行演示与表达，所以他习惯用肢体动作这种非语言符号去模拟动物、人物、实物等形态。据他的徒弟李博生回忆，王树森体型富态，在模仿大象甩鼻子的动作时，直接把手放在鼻子上缓慢地甩动头部与身体，把大象笨拙与憨态可掬的形态模拟得惟妙惟肖，让徒弟们忍俊不禁。李博生继承其衣钵，在给徒弟们上课时也经常模拟物象身姿、神态等。（图3-10、图3-11）而王树森的另一位徒弟郭石林（图3-12）则最擅长运用白描的形式把雕琢的人物、动物的形态画给徒弟看，以图画为编码形式进行技艺信息的传播。虽然不同的师父运用的编码形式与符号各不相同，但毋庸置疑的是，把信息转换为自己最擅长的符号形式会更加有效地保障信息传播的质量与效果。

图3-10　李博生上课场景

图3-11　李博生模拟动态

另一方面，编码能力还取决于传播者对目标受传者的了解与熟知程度。传播者对信息进行编码的最终目的就是使受传者接收信息，并进行有效译码，完成整个信息传播活动。如果传播者对受传者一无所知或不够了解，那么传播者在信息编码过程中就会失去方向与侧重点，使信息传播活动阻力丛生，直接影响最终的信息传播效果。手工技艺信息传播有一个突出的特征，那就是个体性。师父在对手工技艺信息进行编码的过程中，需要对徒弟的技艺水平、性格特点、兴趣爱好以及接收能力等有所了解，在此基础上，针对他们的个性化特征把信息转换成符合他们可理解与可接受

图 3－12　郭石林画活描样

的符号或代码，进行信息的有效传递，这样会收到事半功倍的传播效果。所谓“因材施教”就是这个道理。在电影《百鸟朝凤》(图 3-13) 中，师父在向两个性格与资质迥异的徒弟传授唢呐技艺时，根据他们不同的品格心性与接受能力，有针对性地进行技艺传授，对于资质平庸、学习迟缓者会着重加强其基本功的训练强度及时间长度，而对于悟性高的聪慧者则直接带着他“出活”，让其观摩并稍加点拨。就像《西游记》中菩提老祖对孙悟空的点拨，敲了三下悟空的头就传递出三更见面的信息，而迟钝者就不易领悟其中意义，信息自然也就无法有效传递。这些都是师父编码能力的表现。

图 3－13　电影《百鸟朝凤》剧照

因此，手工技艺信息的传播者即师父，如果编码能力较强，就会选择契合于手工技艺信息特色的编码形式与符号，运用自己最擅长的符号形式，并对目标受传者——徒弟有一定程度的了解与把握后进行有针对性的信息传播，基于此的传播过程比较顺遂，传播效果显著，反之亦然。所以，师父的编码能力会直接影响到信息的传播效果与质量。

第二节　传播内容与传播效果

传播内容是传播者与受传者之间传递与交流的信息，它是传播过程“5W”要素之一。对传播内容的研究，称为“内容研究”，主要解决不同的信息内容对受传者产生的影响和传播效果等问题，即“说什么”和“怎么说”的问题。手工技艺的传播内容就是手工技艺信息，手工技艺信息在

第一章中已划分为显性信息与隐性信息。其中，相对客观的、可量化的、可以被直接感知和清楚表达的是“显性信息”，如规范性的动作、可量化的动作等；被模糊性包裹着的“只可意会，不可言传”的信息是“隐性信息”，如技能、技巧等。这两种传播内容具有不同的信息属性和特征，在信息传播过程中遇到的“噪声”阻力大小不同，产生的传播效果也各不相同。

一、显性信息的传播效果

手工技艺的显性信息因其相对客观、可量化、易感知等特点，在传播过程中遇到的“噪声”相对较少，传播效果较理想。如前所述，一个单向的信息传播过程是传播者将信息编码为相应的符号，通过传播媒介进行传递，受传者接收符号并译码为自己理解的信息。本书主要从“传”和“接”，即传播者的传授和受传者的接收两个角度，探索影响显性信息传播效果的因素及其特点。

(一)显性信息传授的明确性

手工技艺的显性信息具有“明确的”和“可以明白表达”的特征，其中蕴藏着显性信息具有传授明确性特征的两个层面的原因：显性信息本身属性是客观的；显性信息是可以明白表达的，即可以编码为适宜的符号表述出来。

第一，显性信息清晰可见，具有客观存在性。

手工技艺显性信息的客观存在性主要体现在它是能通过人的感官系统直接感知，而不是内隐于人的意识中，需要受传者费尽心思地去猜度与琢磨才能获得的信息。手工技艺的显性信息主要是一些有规范、有标准、可以量化的可视性动作与行为，这种信息不但容易被受传者感知与识别，而

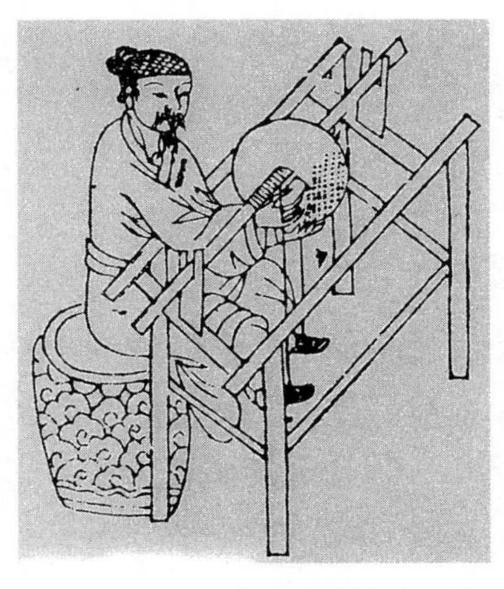

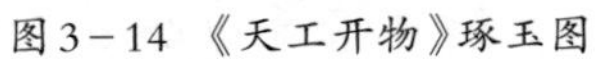
图3-14 《天工开物》琢玉图

图3-15 《玉作图》之皮砣图

且也易于模仿与操作。例如，我国传统玉器设备“水凳”[①]（图3-14、图3-15），它有着数千年传承下来的规范性操作和使用的动作要求。在操作水凳时，双腿蹬动踩板，带动皮条的转动，引起轴以及轴上的砣具的转动，双腿成为动力源，而双手也配合着动力进行操作，左手为发力手，用右手协助保持玉料稳定，并随时添加解玉砂，这一系列动作被称为“搭砂子”。可见，在操作“水凳”时，人的双手、双脚和整个身体都处在运作系统中，每一个动作都有着符合器具使用的规范性要求，例如肩膀不摇、身体不晃、两脚使劲等，这些规范有利于把器具与动作的最大价值发挥出来。如果动作姿势不标准，坐得歪歪扭扭，身体摇晃，双手乱放，脚蹬动作轻重不一，不但会制作缓慢，而且还容易造成操作事故。技艺动作在累世经验的传承中已经形成较固定的规范与标准，徒弟照着师父的动作示范

① “水凳之称是沿用清人的称呼，是以脚蹬为动力，利用砣具琢磨玉器的操作台。明人称之‘琢玉机’，工人称‘砣子’‘铊子’。北方玉作中称为‘水凳’，南方玉作中称为‘砣机’。在此沿用‘水凳’之称。”转引自苏欣《京都玉作》，博士学位论文，中央美术学院，2009年，第70页。

依葫芦画瓢即可。师父也容易鉴定和识别徒弟的动作是否规范，往往打眼一看就知道基本功练习得是否扎实，这和武术练习中的蹲马步一样，姿势、动作等技艺信息客观、明确、一目了然，动作的规范性也为下一步的操作奠定了基础。

第二，显性信息易于编码与符号化。

编码是传播活动的重要环节，没有编码，信息就无法传播，但并不是所有的信息都能实现符号化，显性信息因其客观、明确、可直接识别的特征决定了其易于编码。手工技艺的显性信息例如可量化的动作、规范性姿势等都能比较明确地表达出来，例如上述案例"水凳"的操作动作与姿势，师父可以将这条信息以图画的形式画给徒弟看，也可以直接面对面地进行动作示范，也可以用声音语言描述或用文字记录等。使用不同的编码符号并不会影响信息的本质，但是会影响到信息的传播效果，特别是针对不同的受传者。如果徒弟是文盲或形象思维能力不强，那么用文字或图画的符号进行传播的效果就会相对较弱。所以，编码的符号要与受传者的专业能力、性格、素养等条件相契合，有针对性地选取编码形式。

当然，手工技艺信息最直接与最主要的编码形式还是身体性动作。它是手工技艺信息最本体与最本质的内容。它以传播主体的身体为物质载体，在其大脑和四肢的和谐运动中展现出来。动作是手工技艺最微观的内容，也是通过肢体可以被人直观的信息。连续的动作组合成为一个工艺技术，不同的工艺技术组合成制作过程。工艺技术与制作过程共同促成了手工艺作品的成型，完成整个造物过程。从中可见动作在手工技艺中的重要位置。其他的技艺信息内容都是由身体性动作演化与拓展而来的，如工具的使用、口诀艺诀、数据化尺度、则例的文字记录等。这些都是根据身体性动作所散播出来的各种信息，经加工、总结与归纳出来的一个个的知识单元，或者说是一种系统化了的信息集合。所以，身体性动作是最契合手工技艺特征的信息，也是最外显的信息形式，通过受传者的感官系统可以直接感知，这增加了信息接收的便捷性。

（二）显性信息接收的便捷性

衡量传播效果的指标之一是受传者接收到的信息的数量与质量，受传者是传播效果的监测对象与显示器，其信息接收状态与接收方法影响与制约着传播进程与传播效果。受传者接收不同类型信息的效果也存有差异，其中，显性信息可以更方便而迅速地被接收，其原因主要有：

第一，视觉能直接感知手工技艺的显性信息。人的感觉器官可以对外界的大小、冷热等信息刺激做出反应。在手工技艺师徒传承活动中，视觉是受传者接收信息最主要的途径。没有视觉的感知，外界的信息就无法通过感觉器官上传到大脑，传播活动也即终止。当然，并不是所有的外界刺激与信息都能通过感官转变为神经冲动传递给大脑，只有刺激中的小部分可以做到，其他信息则被忽略掉了。手工技艺显性信息主要是可量化的动作、规范性动作等较明确的外显信息，而且有着一定的规范标准与度量尺度，容易被视觉观看与识别，易于在大脑中形成视觉表象被记忆与储存。例如徒弟们通过观察师父在实践操作中对不同砣具的运用，就可以以可视、可听、可感的方式获取关于工具的构造、性质和功能等显性信息。相对于隐性信息，显性信息的接收更加方便与快捷。

第二，显性信息容易模仿与学习。手工技艺的显性信息相对较明确，也易于表述，这对于受传者来说，不仅易于运用感官系统直接感知，也易于在此基础上进行身体行为的模仿与学习。模仿是人类的本能，是个体“自觉或不自觉地重复他人行为的过程”①。手工技艺的显性信息大多是一些明确的、可直接感知到的动作与行为，通过师父的动作演示或操作将其呈现出来。徒弟可以对这种外显性动作进行有效模仿，而且越是清晰明确

---

① 杨治良主编:《简明心理学辞典》，上海辞书出版社2007年版，第159页。

与容易识别的动作，越容易模仿。因为显性信息在传播过程中遇到的“噪声”较少，相较于模棱两可、含糊的信息，显性信息的传播效果会更加理想。所以，手工技艺信息中不论是规范性动作、量化动作还是实体性工具等显性信息，都有着一定的规范标准和度量的尺度，有着用肉眼就可以观察到的信息内容，通过有效观看、模仿与反复练习就可以接收到显性信息。因此，师父教授徒弟基础技艺时，往往会让徒弟在旁边观看自己的操作与动作示范，然后让其不断地操练，这是比较符合手工技艺显性信息传播特点的有效方法。

总之，手工技艺显性信息是一种相对客观的、可以量化的信息类型，可以将其编码为可视、可听的文字、图像、语言等符号进行较明确的信息传达、描述与记载；它直接作用于徒弟的视觉、听觉、触觉等感官系统，徒弟通过直观的感知方式接收信息，进而通过模仿与练习将信息内化在自己身体上。所以，这种显性信息传授明确，接收便捷，传播效果自然比较理想。

二、隐性信息的传播效果

手工技艺的隐性信息，也称为“缄默信息”，是“模糊的”“沉默的”和不容易通过言语、文字、动作等符号明确表达和交流的个人内部信息。如果手工技艺信息是一棵大树，显性信息是外显的树上的果实，隐性信息就是内隐的提供营养的树根。对于手工技艺来说，显性信息固然重要，但是最关键的传播内容还是隐性信息，它是手工技艺保持生命力的源泉，是使手工技艺由“技”上升到“道”的关键所在。所以，对于隐性信息及与传播效果之间关系的研究至关重要。

相较于传播性比较明确和快捷的显性信息而言，隐性信息在传播过程中有着更多的传播“噪声”，不易传播与获取，传播效率明显逊色于显性信息。比如，一个琢玉的规范性动作，一两周甚至几天的时间就可以基本掌握，而一种琢玉的技能却需要耗费三年五载才能获得。其中原因既涉及隐性信息的信息属性，也关涉信息编码过程中的“只可意会，不可言传”性，以及受传者接收信息的体验与领悟等因素。

（一）隐性信息传授的主体性

首先，隐性信息具有主体性与经验性的特征。

手工技艺的创造与传承皆依赖于人而存在，隐性信息寓居于技艺传播者（师父）的身体中，是一种高度个人化、私密性的信息，不容易被他人习得与获取。隐性信息与传播主体须臾不可分离，一旦信息离开生命载体，其缄默性也就失去了效力。隐性信息依附于个体而存在，不同的个体在阅历、认知、思维、情感等方面都存在着差异性与独特性，这使他们承载与传递的信息也打上了个人烙印，带有极强的主观性与经验性。例如不同的手工艺人，在面对相同的物质材料时，运用的技巧、构图、设计立意、审美法则等都会有所不同。“从艺术创作的角度看，手工艺产品的生成，需要手工艺人手、眼、脑等多器官的合作，他们在长久的实践过程中已经形成了自然的手艺习惯和不同的个人风格。”[①] 隐性信息是在实践中汇集而成的个人经验，这种经验融合了师父的技能、技巧、洞察力、心智模式等，内化在个人的身体与头脑中。个体的经验和认知很难通过文本或口诀传授，具有难以言传性。东汉著名医学家郭玉说：“医之为言意也……神存于心手之际，可得解而不可得言也。”[②] 隐性信息存在于心手之间，只可意会，不可言传。隐性信息的主体性与经验性特征造就了手工技艺的独特性与创造性。同时，它也造成了信息传播过程中的理解障碍与语义噪

---

① 孙发成:《民间传统手工艺传承中的“隐性知识”及其当代转化》,《民族艺术》2017年第5期。

② 谢观主编:《中华医学大辞典》，辽宁科学技术出版社1994年版，第1087页。

声，不利于技艺信息的传播与共享，不利于手工行业的长远发展。

其次，隐性信息不易被明确表达和传授。

隐性信息是一种蕴含于手工技艺传播者（师父）身体上的技巧、诀窍、技能等信息，它很难做到有效符号化，不易通过语言、文字等符号进行逻辑性的说明，是一种片段式的经验总结。这种信息不似显性信息那么明确，它具有模糊性、不确定性以及难以表述性。《庄子·天道第十三》中说："意之所随者，不可言传也。"[①]"某些技艺往往很难用语言表达清楚，如材料的软硬、染料的配比、温度的控制、火候的掌握等都充满了意会性。……而手工艺人的内在情感、价值观、心智、悟性等则是难以直观把握的内容。"[②]隐性信息更多地体现为手工艺人的一种能力、技能，隐藏在个体的内在知识体系内，不易察觉也不易表达，连技艺拥有者都无法表达清楚，知其然而不知其所以然，甚至是自己也未察觉到它的存在，传播更无从谈起。例如，琢玉大师王仲元对一块中部呈红黄色、四周呈白色的玛瑙料进行设计构思时，他思索再三，将其设计成了著名的《玛瑙俏色虾盘》(图3-16)。这种构思与造型能力就是隐藏在其身体与心智中的隐性信息。在制作过程中，制作者杜瑞静不慎把一条大虾须弄断了，王仲元在仔细观察后，当机立断，决定从盘边上另起出一条大虾须，把原来弄断的那条大虾须磨掉。这种临场应变就是手工艺人综合能力的一种表现，这种技能信息是不容易客观与清楚地表述、编码成相应的符号进行传播的。

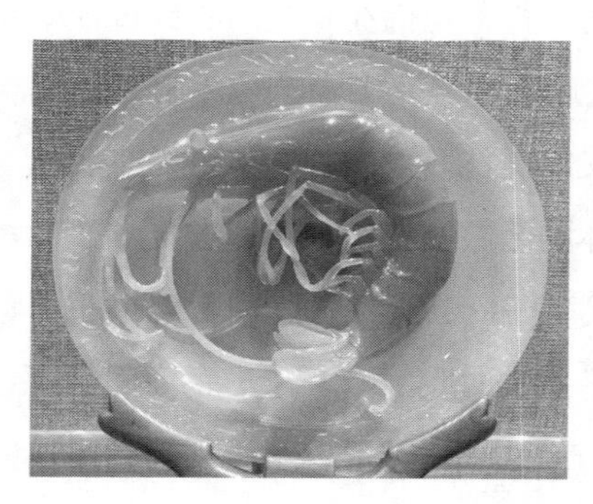

图3－16　王仲元《玛瑙俏色虾盘》

① （战国）庄周:《庄子》，山西古籍出版社2001年版，第137页。

② 孙发成:《民间传统手工艺传承中的"隐性知识"及其当代转化》，《民族艺术》2017年第5期。

所以，有些隐性信息无法转换成相应的语言或肢体符号，具有一定程度上的难以言明和不易言传性。例如，身体的“分寸感”“尺度感”，思维方式、想象能力、造型能力、身体综合性技能等要如何说清道明，有些甚至连师父自己都没有意识到却又真实存在于身体上的一类信息，如思维惯性要如何表述清晰和明确传达，这些都造成了手工技艺信息在传承过程中的阻力，制约了传播效果。

最后，部分隐性信息可以实现显性化。

并不是所有的隐性信息都无法表述清楚，隐性信息的部分内容，如一些技巧、诀窍等可以通过转化为显性信息的方式得以表述，即将非编码的信息显性化，从而拓展隐性信息的传播广度，提高传承效率。特别是在新科技、新方法的加持下，将部分隐性信息显性化，编码为可理解的文字、图像等符号，可更加清晰地阐述技术原理、诀窍法则，徒弟也更容易加深对信息的理解和提高信息接收效果。这一定程度上可以提高传承效率，增加授徒人数，缩短传授时间，降低传承成本。例如，新中国成立后，研究人员将一些隐晦的配方、秘方等隐性信息做了科学的分析与总结，逐渐转化为可视、可读、可感知与可识别的显性信息后，增加了授徒人数及成才概率，提高了传承效率。“天津第一绣花社手工艺人谷登云带了27名徒弟，湖南长沙湘绣名人廖家惠总共培养了200余名徒弟。这些情况在传统社会结构中是不可能发生的。通过师徒相授的方式抢救了大量濒危的手工技艺，使传统工艺的传承达到历史上最好局面。”[①]“一个社会形态里可共享的技术越多，手工艺人成才的机会自然会越大，所花费的时间成本和人力成本也越小。”[②]这有利于手工技艺在社会上的普及与共享，有利于技艺与文脉的延续。因此，作为技艺信息传播者的师父需及时总结实践经验，形

---

① 邱春林:《中国手工艺文化变迁》，中西书局2011年版，第45页。

② 邱春林:《中国手工艺文化变迁》，中西书局2011年版，第9页。

成通行的技艺原理，把一些易于显性化的隐性信息以文字、图像等形式清晰地表述出来，以满足隐性信息传播的需求，提高手工技艺信息的传播效果。

（二）隐性信息接收的体悟性

体悟，即体验和领悟，即在身体力行的实践活动中去感受、探索与领会。手工技艺隐性信息尤其注重在体验中去领悟与接收。

首先，手工技艺隐性信息接收需要体验性。受传者对隐性信息的体验，一方面是指技艺体验，也就是徒弟对师父传授的技艺信息，要在自己动手操作的实践活动中去体会与接收。因为技艺是传统手工艺人在经年累月的反复操练中才能学到的，技艺秘诀与技艺之道往往隐含于实践练习之中，要独自体悟才能认知。例如，师父常说"使用工具捶打时要带着那个'劲儿'走，不能绷着（抵触、逆）那个劲儿走"，"劲儿"具体指代什么，师父说不清楚，徒弟也没法明白，只能在体验与实践中自己去体会与理解。再例如，手工技艺隐性信息中的技能"一个人是无法用传授的方式将自己的这种能力直接给予另一个人的。人们用言传口授的方法给予他人的，至多是关于动手实践方面的一些知识，而不可能是动手实践本身。学生无法从教师那里获得动手实践技能，子女也无法像继承遗产那样从父母那里将这种技能据为己有"[①]。而唯一的方法就是让徒弟投身实践，亲身体验，在经年累月的实践活动中"熟能生巧"，逐渐体会与领悟隐性信息，并结合个人经验的梳理、重组与总结，逐渐内化到自己身体上而获得。前文已有论述，此处不详述。

另一方面，体验性也指与技艺无直接关系但有着潜移默化作用的生活体验。手工技艺的隐性信息对于徒弟来说并不容易接收与获得。隐性信息

---

① 孙大君、殷建连：《手脑结合的理论与实践》，吉林大学出版社2012年版，第320页。

蕴含着师父丰富的个人经验与文化内涵，包含着其成长环境、文化背景、审美眼光、艺术素养等潜在影响因素。徒弟接收这种富含着个人实践经验的隐性信息，除了需对师父的操作进行观察、模仿以及自身实践外，还需对师父的言行举止、为人处世、性格特点等有深入了解，甚至是生活在一起，在耳濡目染中受师父行为方式和思维方式的影响才能获得。例如在玉雕行业，徒弟学艺的前三年基本上都“上不了凳”[①]，专做杂活儿，“三年下来手巧了，脑子活了，会考虑事儿了，被训练得差不多了，一做玉就通了，因为它们都裹在一起，就像腌咸菜一样”[②]。李博生现在仍与他的徒弟们生活在一起。徒弟们认为，师父传授给他们极为重要的一点就是思维模式。因为李博生在生活中爱琢磨事儿，善动脑、用心地去思考与分析问题，巧妙地解决问题。比如修个篱笆，他会观察地形，思考布局方式、材料特性，以及采用何种结构形态最为结实，在整体思考与布局后再去操作，他这种爱琢磨事儿的习惯也影响与引导着徒弟的思考与行为方式，并被徒弟潜移默化地运用到琢玉的各个环节中，久而久之师父的思维模式这种隐性信息就在生活体验中间接地传播给了徒弟。波兰尼说：“好的学习就是服从权威，你听从你导师的指导。……通过观察自己的导师，通过与他竞争，科研新手就能不知不觉地掌握科研技巧，包括那些连导师也不是非常清楚的技巧。”[③]科研活动的导师制是如此，手工技艺的师徒制更是如此。师父不能言明与言传的隐性信息，通过徒弟的实践与体验活动得以传播与接收。

其次，隐性信息的接收还需要领悟。受传者接收手工技艺隐性信息，在体验与实践的基础上还需具备一定的理解力与领悟力，只有体验尚不能有效达到师父预定的信息接收效果与认知高度，需要进一步地消化、反

---

① 行话，凳是指水凳，“上不了凳”意指不能琢玉。

② 中国工艺美术大师李博生采访语录。

③ 孙大君、殷建连：《手脑结合的理论与实践》，吉林大学出版社2012年版，第209页。

思、领悟才能破译信息密码。领悟是一种基本的思维方式，遇到问题需要思考，这个思考的过程就是领悟，最终达到对问题的明白领会。领悟契合与呼应了手工技艺隐性信息内隐、模糊、只可意会不可言传的信息属性，隐性信息不易编码、传递与获取，需要徒弟在勤学苦练与反复试错、纠错的实践过程中思考与琢磨，才能在达到一定积累程度时领悟其中要义，理解师父的言外之意，甚至是师父也无法表达或表述不清的信息。这种即时性的领悟就是顿悟，领悟需要一个过程，顿悟就是其中从“量变”到“质变”的即时性的领会、明白。顿悟是徒弟前期实践积累与积极思考的结果，是认识上的飞跃，是不能被人完全自主掌握和充满变量的一种信息接收方式，一定程度上给隐性技艺信息在传播过程中的“噪声”侵入提供了机会，从而制约了技艺信息的传播效果，但它也是隐性信息最重要与最核心的接收方式。所以，徒弟接收手工技艺的隐性信息需具备两个前提条件，即反复的实践体验与思考领悟，否则难以完成隐性信息的接收。

综上所述，通过对手工技艺显性信息与隐性信息的信息属性、传播特性等的论述与分析，阐明了它们和传播效果的关系。即在对技艺信息进行编码、传递与接收的各个传播环节中存在着各自有利于传播的因素或阻碍传播的“噪声”，最终导致不同的传播效果。显性信息是手工技艺内容的外显部分，在信息传播过程中明确、快捷，易传易学，传播效果较理想。隐性信息是手工技艺不可或缺的核心内容，虽然只可意会不可言传，但是要想把手工技艺的精髓保持与传承下去，就必须有效传播与把握住隐性信息。在不减损隐性信息质量的前提条件下，通过一些方法与手段对其编码化为显性符号传递出去，这样将更有利于信息的共享与传播，有利于行业的整体发展。

现代一些高职院校培养出来的手工技艺专业学生普遍缺失的也是隐性信息的学习。院校制往往采用相对较大规模的办学方式，流水线式的培养，时间成本较低，培养出来的学生往往仅是获得基础性显性信息的“半成品”。在这样的教学过程中，隐性信息难以得到足够的重视与有效的传播，教师只传播了“技”，而没有传播“技之道”，丢失了手工技艺最精髓与最核心的信息内容，这也是院校制手工技艺类培养方式在当代一直未获得较大成功的原因之一。

第三节　传播媒介与传播效果

传播者把传播内容编码后进行信息传递，这时需要选择传递方式，即运用一定的工具或通过相关渠道进行传递，这种工具或渠道就是媒介。媒介是传播活动中的核心要素，它连接着传播者与受传者，使整个传播活动成立。

“媒介”一词的中文含义与英文“media”含义相似。中文的“媒介”一词最早出现于《旧唐书·张行成传》，书中写道：“观古今用人，必因媒介。”[①]“媒”最初有吸引、婚姻介绍人的意思，《说文解字》：“媒，谋也。谋合二姓。”[②]《周礼·地官·媒氏》郑玄注：“媒之言谋也，谋合异类，使和成者。”[③]后来引申为中介、招引之义。“介”字指处于两者之间，后又引申为“介绍”的意思。因此，“媒介”一词从广义上来解读就是联系着人与人、人与事物或事物与事物的介质或居间工具。这种“媒介”在现实生活中俯拾皆是。例如，老鼠是传播疾病的媒介，玫瑰是传递爱情的媒介，

---

① （后晋）刘昫等撰，陈焕良、文华点校：《旧唐书》（第2册），岳麓书社1997年版，第1669页。

② （东汉）许慎原著，马松源主编：《说文解字》（第1册），线装书局2016年版，第349页。

③ （东汉）郑玄注，季羡林编：《四库家藏 周礼注疏1》，山东画报出版社2004年版，第241—242页。

书籍是传播知识的媒介，汽车是联系地理位置的媒介等。著名传播学者麦克卢汉 (M. McLuhan，1964) 甚至提出“万物皆媒介”的理论，即“媒介，泛指一切人工制造物和一切技术”[①]。他认为媒介是人体的延伸，它无处不在、无时不有，如望远镜是眼睛的延伸，电话是耳朵的延伸等。

狭义层面上的“媒介”定义更加多样化，例如，“媒介是指承载并传递信息的物理形式，包括物质实体和物理能。前者如文字、各种印刷品、记号、有象征意义的物体、信息传播器材等；后者如声波、光、电波等”[②]。此概念侧重于媒介是符号。媒介“通常用来指所有面向广大传播对象的信息传播形式，包括电影、电视、广播、报刊、通俗文学和音乐”[③]。这里把媒介理解为传播形式。手工技艺信息传播的“媒介”主要是指在技艺信息传播过程中，介于传播者（师父）与受传者（徒弟）之间承载、延伸与传递特定符号和意义的载体或工具。正如传播学鼻祖施拉姆所说，“媒介就是插入传播过程之中，用以扩大并延伸信息传送的工具”[④]。媒介在技艺信息传播过程中起着不可替代的作用，可以说，没有媒介就没有传播。没有传播，蕴含着人类智慧与经验的手工技艺信息也无法传承和发展至今。

媒介的本质是信息传递的工具，工具是一种手段，而不是目的。使用传播手段的不同可以影响与制约传播效果。例如面对面的“身体媒介”传播比文字、广播等“去身体媒介”传播具有更有效的说服功能和反馈效果。但是传播媒介的选择与运用并不是任意为之，而是由信息的特点与对信息的需求决定的。根据信息特点的不同也会有最适宜或不适宜的传播媒

---

① 媒介是指使双方发生联系的人或事物。郝雨：《中国媒介批评学》，上海大学出版社2015年版，第270页。

② 邵培仁：《传播学》，高等教育出版社2000年版，第146页。

③ 邵培仁：《传播学》，高等教育出版社2000年版，第146页。

④ [美]威尔伯·施拉姆、威廉·波特：《传播学概论》，陈亮等译，新华出版社1984年版，第144页。

介。手工技艺由于以身体为载体，以体验性为其存在形态等信息特征，主要运用了面对面进行信息传播的声音语言、身体媒介、神态表情[①]，以及实物媒介等形式。下面逐一展开论述，以便更明晰与确切地辨别手工技艺的不同传播媒介与传播效果之间的关系。

一、声音语言[②]媒介

声音语言是起源时间较早、使用最基本与最灵活的传播手段。手工技艺信息中的语言传播主要包括口语传播与口诀传播。口语传播就是运用生活中通俗化、大众化的通用语言进行信息传播，它是一种传受双方都可以识别的全民语言。当然，口语的使用有一个前提条件，那就是双方必须在可识别的语言范围内进行信息交流，即口语也受特定的地域空间与人文空间的限制。例如方言，就是地域性物理空间内的语言形式，如果师徒双方不在特定的可识别的语言空间内，就无法达到正常的沟通和较理想的传播效果。故此在我国传统社会，师父收徒时一般会考量地缘性的因素。另一个是行话，即专业术语，它是社会中某一部分阶层或社会集体使用的语言。三百六十行，行行都有特定的语言表达方式。行话就是为了满足行业内部使用与交流的某些特殊需要的词语，这些词语绝大多数都是通用性语言，只不过表达的意思有别于通用性语言的语义，例如“开门子”[③]“行活

---

① 传播学学者赵建国将身体传播划分为语言传播（声音语言和文字语言）、动作传播和表情传播。本书中为了贴合手工技艺信息“言传身教”的传播特点，将语言传播单列出来进行论述。另，有的学者也认为，语言是人们之间表达意愿与情感的媒介与符号、工具与渠道，所以，本书是基于把语言当作一种媒介与符号的观点来论述的，特此说明。

② 语言包括声音语言与文字语言，为了论述的便利性，本书在行文中运用简称，即语言媒介或文字媒介，特此说明。

③ 在玉器制作过程中的“相玉”阶段，翡翠原料往往被一层外皮包裹着，为了探寻内部构造，在原料上切一片下来以观察玉料内部的绺裂、成色等基本情况。

儿”[①]“沁色”[②]等。行话也成为师父判断徒弟是否进入行业领域或技艺门槛的标准之一。

口诀是手工艺人在长期的实践与创作过程中总结出来的技艺经验，以简洁明了、朗朗上口的语言表述出来。由于手工艺人受教育程度不高，有些人甚至目不识丁，所以，师徒之间常常以口耳相传的方式进行信息传播。口诀不仅是理论的总结，也是实践操作和创作的主要参考与依据。口诀强调的往往是技艺的关键要领与创作规范，具有很强的概括性与总结性。例如：“文人一根钉，武人一张弓。”“胖不胖骨，瘦不瘦骨；胖不胖腰，瘦不腆肚。”“打坯不留料，雕刻无依靠。”这些口诀从技艺的关键之处着手，并不是把技艺的原理详细地表述清楚，而是在扣住事物核心的基础上，留有很多空白之处去让人体悟与理解。同时，口诀又具有较强的专业性和私密性。它和行话一样有着一定的流传范围，有着特定传播场域的限定，并不是所有人都能够理解和参悟的语言。即使口诀流传在行业外，多数人也是听不懂的。口诀是手工技艺行业内先辈们集体智慧的结晶，在世代相传中不断积累与改进，对手工技艺的传承有着重要的参考与指导价值。所以，口诀简洁、概括、要点突出、朗朗上口，有利于技艺信息的传播与记忆。当然这里说的只是普遍意义上的口诀，还有一些特殊的绝密性口诀，师父轻易不外传。这涉及传播者的传授意愿问题，将在第四章中进行相关论述。

在手工技艺信息传播活动中，传受双方面对面的“在场传播”，由于声音受人体机能的限制，只能近距离或在一定空间范围内进行。当然随着现代技术的进步、传播媒介的更新，声音也可以通过电话、广播、电脑等

---

① 行活儿，指在一条流水线上生产出来的，没有特别突出的艺术性与个性，可以批量生产和加工的工艺作品。

② 沁色是指玉器在特定的环境中长期与水、土壤以及其他物质相接触，这些物质侵蚀玉体，使玉器部分或整体的颜色发生变化的现象。

媒介进行传播，但对于手工技艺信息传播来说，这些媒介并不是适宜其特点的传播方式。而且声音转瞬即逝，必须借助辅助设备才能及时记录、储存与传播，所以，声音语言在传播过程中受到时空等因素的制约。同时，语言媒介的独特属性使其成为手工技艺信息传播的助力因素或制约传播效果的“噪声”。

（一）语言媒介的模糊性

在手工技艺信息传播活动中，经常会听到师父这样的训诫：“刻的力度还不够，要再重一些”“画得太飘了”“人物头部备留的料太少了”，等等。这是师徒之间的通用性口语交流，这里的“重”“飘”“少”等词语，有些是专业术语，如果徒弟尚没有接受入门级专业普及教育，是不易听懂的。有些词汇是大众语言，却仍然让徒弟们不知所云：不知道在操作中刀法应该“重”到什么程度，备留多少料才算是“多”。口诀在传播过程中也会面临这样的情形，如《韩非子·说林下》中关于刻画人物肖像的口诀：“刻削之道，鼻莫如大，目莫如小；鼻大可小，小不可大。目小可大，大不可小也。”[①] 口诀本来就具有极强的简洁性与概括性，受传者要如何去界定“大”与“小”，“轻”与“重”的范畴？这和师父手把手地让徒弟去感知“重”到什么程度的效果是不一样的。所以，这里就容易产生信息在传播过程中的障碍，妨碍信息的准确性理解与有效传播。细究原因，我们也许会归因于徒弟接收信息的能力太弱，理解不了师父的意思，也或许会认为是作为传播者的师父表述不清等。但是我们往往忽略了一个重要因素，即作为传播媒介的语言，其本身具有模糊性。很多词汇是通过对物象的比较而产生的相对性描述，所传递的信息自然也就无法清晰可辨，存在着不确定性和模糊性。

---

① （战国）韩非子作，崇贤书院校注：《图解韩非子》，黄山书社2021年版，第168页。

模糊性是语言的基本特征之一，语言不可能是精确的。这是因为客观世界是无穷尽的，而语言作为人造之物是有限的，有限的语言无法确切地表达无限丰富的客观世界，难以给每一个具体的事物一个明确与具体的名称，“世界上的事物比用来描述它们的词语要多得多”[①]。这种情况下必然会产生语言的概括性，即指事物词语的含义是一个相当宽的范畴而不是确切的一个点。列宁曾说：“任何词都已经是在概括。”[②]但这种说法呈现出来的只是我们都可以认知到的现象，并没有从源头上解析清楚语言“模糊性”产生的根本原因。所以，需要进一步探究其深层原因，即世界是客观存在的物质对象，但是语言并不是直接对客观世界的反映，而是对客观世界映射与存储于人头脑中的世界的反映，是经过人的认知思维加工和改造过的主观世界。即人的感官系统对感知到的信息会有选择性地注意和留存，这样在大脑皮层中形成的对事物的知觉已经和现实生活有所不同了，是经过大脑改造过了的区别于客观世界的表象（主观世界）。所以，受个人知识经验的影响，每个个体的语言的生成都携带着传播者的思维、认知、知觉等主观意识的参与，有选择性地保留与忽略相关信息，形成有异于客观现实世界的主观意象。主客观之间的差异性就会造成“词不达意”“言不尽意”等语言的模糊性。所以，手工技艺信息的传播者（师父）的语言带有其自身体验性、经验性的个性化特征。由于手工技艺信息的特殊属性，即手工技艺是承载于人的身体上的以实践性为其表现形态的信息，更强调手工技艺的传播主体在实践过程中的体验性及其产生的个性化差异。例如每个传播者在手工技艺操作过程中的生理感觉、知觉、生理尺寸与心理效应等都会有所不同，你觉着是“重”的量，他人可能觉得是“轻”，主观意识的参与性更强，个体化特征更加鲜明。其实，在客观世界通过感官系统

① 李龙主编，汪习根执行主编：《法理学》，武汉大学出版社2011年版，284页。
② 转引自王铭玉《语言符号学》，高等教育出版社2004年版，第47页。

在大脑中形成知觉的过程中，主观意识就开始参与其中进行信息的注意、选择与取舍处理，从而形成很多不同的感觉、知觉、体会等，并运用不同的词汇将其呈现为口头语言、口诀等。

所以，手工技艺语言媒介的模糊性和主观意识的参与性有关，使语言带有了只有传播者——师父自己才明白的含义，这也导致了手工技艺进行语言传播的局限性。语言的模糊性是难以消除的，一方面是因为语言本身的概括性与模糊性，使其不足以具体解释世界万物；另一方面是由于传播者主观意识的加入，使其带有了个体性和独特性，但是它可以通过受传者的理解来进行译码与还原。

（二）语言向动作技能转化的理解性

由上述可知，手工技艺信息在传播过程中由于语言媒介的模糊性与概括性，即使师父传递的信息是明确的，到达徒弟处时也会带有不易明确与清晰辨认的语义阈值。这种情况就要求徒弟依靠自己的理解去接收与解读信息，并由语言信息转化为动作行为。受传者对声音语言信息的理解是一个复杂的过程，不仅包括对信息表层结构进行直观性处理的“听”，更涵盖将“听”到的信息进行意义上的转换，而且“语言理解除了建立意义过程外，还有一个意义的使用过程，这就是广义的语言理解”①。所以，语言理解的过程主要由三部分组成，即“表层结构的知觉过程，深层意义的建立过程，接受认知的反应过程”②。

首先是表层结构的知觉过程，即受传者对“听”到的信息进行语言识别，“听者接收到语音刺激后，先要进行初步的分析，找出语音的音位学特征，进行编码，然后再依据记忆系统中有关的知识，对信息进行整理、

---

① 齐沪扬：《传播语言学》，河南人民出版社2000年版，第105页。
② 齐沪扬：《传播语言学》，河南人民出版社2000年版，第106页。

分析、归并，完成对语音信号的识别”[1]。所以，语言识别就是一个信息加工的过程。其次是深层意义的建立过程。从传播过程来看它就是受传者的解码过程，通过解读语义达到对深层意义的确切把握。最后，接受认知的反应过程。从表层结构的知觉过程到深层的解读与建立起意义，只是对“理解”的一种狭义认识。“广义的理解还包括根据对话语的理解而采取行动这一个使用过程。”[2]这种行动有时是隐含的，只是把获取的信息传递到大脑中进行加工与存储；有时这种行动是明显的，直接针对信息做出回应或付诸行动，进行语言向动作技能的迁移。手工技艺信息的传播属于第二种形式。由于手工技艺是以四肢与躯干等身体协调运动为其呈现方式，所以，不管是什么媒介发送的信息最终都要转化为受传者的身体动作。

“语言动作迁移”（language motor transfer）是手工技艺信息在语言传播中的重要转化环节，它是指“动作技能的语言表述向动作技能的迁移”[3]。动作技能是储存在大脑中的信息内化成的一种身体性技术的能力。大脑中储存的信息种类有视觉信息、听觉信息等，语言动作迁移是听觉信息转化为动作信息的过程。这时转化而来的动作仅仅是动作或动作组，并没有和身体形成必然的稳定关系，随时可能遗忘，例如，徒弟在手工技艺操作中，这次操作得很规范而且做得很有准头，但下一次就操作不佳或者操作不准了。动作或动作组需要实践的强化作用使其转变为动作技能。即徒弟必须通过反复的体验与练习去强化身体对动作的记忆性与惯性，待操作娴熟、动作熟练，久而久之就会形成承载于身体上的动作技能，而且一旦形成，终生都不易忘却。

在语言向动作技能的转化过程中，也会产生各种“噪声”，影响受传者对语言信息的理解与转化，如个体对语言理解的不同，身体生理状况与

---

① 谢少万：《语言交际顺应论》，民族出版社2014年版，第66页。

② 齐沪扬：《传播语言学》，河南人民出版社2000年版，第114页。

③ 黄希庭主编：《心理学》，上海教育出版社1997年版，第231页。

知觉的不同等。如果受传者及时了解自己每次练习的状态与结果，如动作是否准确等，会有效提高动作技能的练习效率。因此，在徒弟由语言信息向动作技能的转化过程中，师父及时地指导与纠正错误的动作与操作，充分利用信息反馈的作用，会较快速和准确地促进动作技能的形成，提高信息的传播效果。

二、身体媒介

在传播学领域，身体是最天然的传播载体，但却一直未得到充分的关注与重视，“传播学缺乏对身体持续而明确的聚焦”[①]。在以媒介为标准划分的传播时代里[②]，并没有身体媒介的一席之地。但是身体作为传播媒介在人类产生之初就已开始了。当时的人类一无所有，为了生产和生活不能不交流和传播，身体就顺其自然成为传播载体担负起了传播的使命。所以，从人类的发展史上来看，以身体为媒介的传播要早于声音语言。在人类诞生之后、有声语言产生之前的漫长岁月里，人类主要依靠身体的动作、手势、面部表情等方式进行信息的传播与情感的交流。英国学者克里斯·希林指出，身体的各种运动和外表都释放着人与人之间意向的讯息。[③]后来，伴随着人类发音机制的进化，在协作劳动的实践过程中逐渐发展到“彼

---

① 赵建国:《身体传播》，社会科学文献出版社2018年版，第14页。

② 按传播媒介的历史发展脉络，可以分为语言媒介时代、文字媒介时代、印刷媒介时代和电子媒介时代。

③ 参见[英]克里斯·希林《身体与社会理论》(第二版)，李康译，北京大学出版社2010年版，第68页。

此有什么东西非说不可的地步了”[1]，有声语言才产生。摩尔根[2]在《古代社会》中也指出：人类“必然是先有思想而后才有语言；同样，必然是先用姿态或手势表达语意而后才有音节分明的言语”[3]。人的身体之所以能够成为媒介进行信息传递，主要是因为人的身体本身就是一个完整的信息传播系统。“人体天然就是传播媒体，同时又是最高级的传播媒体，人体也是‘全媒体’（omni media）、多媒体。”[4]人的身体通过感官系统接收外部信息后，可以在人体内部进行信息处理活动，处理的结果成为信息发出前的预备状态，这种传播行为在传播学中称为“人内传播”或“自我传播”。人之所以能进行人内传播与人体的生理机制密切相关。人的神经系统由中枢神经系统和外周神经系统组成。中枢神经系统中的大脑是人体的“最高指挥部”，外周神经系统就像中枢神经系统的“下属”连接着身体各种器官并把感觉信息传递与服务于大脑，这样就形成了一个复杂而统一的有机系统。

当身体外的各种刺激与信息进入身体时，首先作用于人的感觉器官眼睛、耳朵、鼻子等，感官上的神经细胞开始兴奋，这种神经冲动沿着神经传入通路到达大脑皮层，经过中枢神经系统的加工、分析、整合，形成信息发出前的预备状态，并通过发声器官、肌肉神经等输出装置把信息发送出去。所以，人的身体就是一个完整的有机而复杂的信息处理系统：眼睛、耳朵、鼻子等感觉器官负责感应、识别、接收信息（信息接收装置），

---

① 中国科学院心理研究室编：《巴甫洛夫关于两种信号系统的学说》，中国科学院出版1952年版，第46页。

② 托马斯·亨特·摩尔根（Thomas Hunt Morgan，1866—1945）是美国进化生物学家、遗传学家和胚胎学家。他发现了染色体的遗传机制，创立了染色体遗传理论，是现代实验生物学奠基人。

③ [美]路易斯·亨利·摩尔根：《古代社会》，杨东莼、马雍、马巨译，中央编译出版社2007年版，第4页。

④ 赵建国：《身体传播》，社会科学文献出版社2018年版，第79—80页。

神经系统负责运送、传递信息（信息传输装置），大脑是负责信息的分析、加工、储存的指挥中心（信息处理装置），并生成行为指令，人的肢体如双手、双腿、双臂（输出装置）等执行大脑发出的指令。身体兼发射与接收两种职能于一体，这就形成了一个完整的信息传播过程。所以，“在相当程度上，我们的身体为交流、交往、创造而存在，因交流、交往、创造而进化。身体是最古老、最基本的认知工具、传播媒介、文化载体。身体具有天然的表现、储存、传达和反馈能力”[①]。

手工技艺信息以身体为主要传播媒介，除了上述传播学领域对身体媒介在生理学上的可行性与科学性的探索外，还受手工技艺自身特点的制约与影响。手工技艺的身体性与实践性特征，使身体媒介成为最适宜的传播方式。手工技艺信息中身体媒介的传播范畴主要包括身体动作的姿势和一系列动作连贯起来构成的工艺流程。姿势是手工艺操作过程中，身体（主要包括四肢和躯干）呈现的样貌与状态，一般以静态的形式呈现出来，例如握毛笔的姿势、锤打时的姿势、剪纸的手势等。动作姿势明确清晰，一般情况下通过师父的动作示范和徒弟的观察就可以进行基本的信息传播，而且传播效率较高。另外，一系列动作构成的工艺流程，相对就要比动作姿势复杂得多。它除了具有一定的空间形态外，还具有一个时间形态，即一系列的动作是在时间的运动过程中逐一、连贯性地展开的。时间形态涉及动作与动作之间的物理量的转换与变化的问题，在转换过程中存在很多的模糊性与只可意会不可言传之处，用言语很难表述清楚，需要不断地体会与练习，甚至通过“手把手”的教授与体验才能达到。

通过上述分析可知，手工技艺以身体为媒介进行信息传播主要涉及以下基本方式：一种是“动作示范”传播，另一种是“手把手”的身体接触式传播。另外，神态表情传播也起着重要的辅助传播的作用。这些方式

---

① 赵建国:《身体传播》，社会科学文献出版社2018年版，第38页。

的传播特点不同，存在的传播噪声的大小不同，最后形成的传播效果也不同。

（一）“动作示范”传播

“动作示范”传播是传播者通过动作示范或实践操作，受传者通过观察与模仿接收技艺信息的一种传播方式。此种方式不如“手把手”动作传播的感知力和准确性高，但却是手工技艺信息传播活动中运用最普遍的一种方式。具体来讲，动作示范是指手工技艺的传播者（师父）将工艺流程、制作技艺、动作要领等通过实践操作的直观手段展示出来的一种教学方式和行为过程。徒弟通过视觉的感知完成对手工技艺实操动作的形象性认知和身体性认知，进而建立正确的动作表象，指导实践操作，即“知道怎么做”。这里涉及传播学两个层面的研究内容，一方面是身体“动作示范”的传播特点，另一方面是受传者接收动作信息的观察与思维特点。这两方面内容的探讨有助于我们更清晰地认知“动作示范”及其在信息传播活动中的有利因素与不利因素。

1.“动作示范”的传播特点

手工技艺信息由于以身体为承载载体，具有实践性、体验性等特点，所以最能完整而全面地解析它的是以身体动作在时间的流动中将其呈现出来的传播方式。动作传播的形象性、直观性特征能把手工技艺信息展示与解释得更加清晰可见。在动作过程中，手工技艺信息的意义才被释放与解读出来。人们在动作中理解和赋予动作意义。梅洛－庞蒂指出：“我通过我的身体理解他人，就像我通过我的身体感知‘物体’。以这种方式‘理解的’动作的意义不是在动作的后面，它与动作描述的和我接受的世界结构融合在一起。意义在动作本身中展开，正如在知觉体验中，壁炉的意义不在感性景象之外，不在我的目光和我的运动在世界中发现的壁炉本身之外。”[1]也就是说，手工技艺的信息内容和意义不是在动作行为之前而是在行为过程之中被受传者解析和理解的。手工技艺信息的本质与意义在动作中被赋予，在动作中被理解。例如，在木雕技艺的传承活动中（图3-17），师父不同的雕刻动作与身体姿势，不同工具的使用方法等手工技艺信息在动作示范的过程中被逐一释放与散播出来，每一个动作的意义在动作的施展过程中得到解释，呈现在信息接收者——徒弟的眼中。

图3－17　潮州木雕大师陈培臣为徒弟做雕刻示范

动作示范的目的是使传播者的动作操作存留在受传者的大脑中，从而形成表象。表象是指物象经过人的感知器官在头脑中形成的感性形象，即物象不在眼前而依然在大脑中呈现出来的记忆表象。它具有直观形象性、概括性等特点。手工技艺由于以人为载体的实践性与动作性特征，决定了其中起关键作用的是动作表象。动作表象是指在视觉感知基础上，在头脑中重现出来的动作形象和动作情境。徒弟头脑中的动作表象是他在观察师父的动作示范的过程中形成的。表象有着指导实践操作的参考与引导作用。一定程度上可以说，没有师父的动作示范，徒弟就无法观察并形成动作表象。抽象文字理论的符码信息不利于手工技艺信息的传播与理解，远不及动作示范在徒弟头脑中形成的动作表象更有价值。

2. 受传者接收动作信息的观察与思维特点

受传者接收动作信息是以思维活动的观察为主要接收方式。观察是人

---

① ［法］莫里斯·梅洛－庞蒂:《知觉现象学》，姜志辉译，商务印书馆2001年版，第242页。

们认识世界、获取信息的一个重要途径，也是受传者必须具备的能力。观察主要依赖于视觉器官，眼睛是大脑从外界获取信息的主要通道。据有关研究表明，“人类大脑从外界获取的信息有83%来自视觉，11%来自听觉，来自所有其他感觉通道（包括触觉、动觉、嗅觉、味觉等）的信息不超过6%”[①]。眼睛通过观察获得外部发出的信息，并将信息通过神经系统上传至大脑，获得事物的视觉表象，为信息的加工和形象思维获取了素材。[②]对于低级思维活动，视觉起着决定性作用，基本上所见即所思。但对于人类的高级思维活动，起决定作用的往往不是视觉，而是支配着视觉的大脑，视觉器官只起执行的作用。贝弗里奇指出：“所谓观察不仅止于看见事物，还包括思维过程在内。一切观察都含有两个因素：（1）感观知觉因素（通常是视觉）；（2）思维因素。”[③]既然观察是一种自觉的、主动的认识过程，那么它就不可能只是视觉器官单纯的“看”、袖手旁观式的“看”，不带大脑的“看”，这种“看”即使再多，也只会“视而不见，听而不闻”，没有实质性价值。所以，真正的“看”是观察，是视觉感知与大脑思维相结合的一种实践活动，是一种受传者有目的、有计划、积极获取信息的活动和过程。

在手工技艺信息的传播活动中，观察是徒弟对于师父的动作示范所采取的一种积极的、有目的性的信息接收方式。这种方式对于技艺信息的获得必不可少。正如打铁艺人的俗语所言：“铁三锤，哑巴锤，不声不响自领会；打铁全凭心和眼，多嘴多舌学不会。”[④]在手工技艺传授过程中，由于师父们的文化知识水平普遍不高，以及手工技艺本身的实践性特征，往

---

① 连维建：《图像·Image视觉思维》，天津人民美术出版社2016年版，第5页。

② 观察在很大程度上依赖于视觉，但它又不仅仅是单一的视觉活动，而往往是视觉、听觉、触觉、嗅觉等多种分析器官共同活动的过程。

③ [英]W.I.B.贝弗里奇：《科学研究的艺术》，陈捷译，科学出版社1979年版，第105页。

④ 周卫平、曹诚博：《有温度的手艺》，北京日报出版社2019年版，第101页。

往形成了大部分师父擅长“做”但不擅长“讲”的现象。特别是民间手工艺的师父常常说不清制作原理，但是“我会做给你看”。手工技艺通过身体的连贯性动作在时间过程中展示出来。所以，在师父“做”的过程中，徒弟善于观察就显得尤为重要。观察能力强的徒弟，在眼睛和思维共同劳作、共同配合下，首先能直观地接收到手工技艺的显性信息。如玉雕技艺中的砣具如何使用，“水凳”的操作姿势与规范性动作等显而易见的信息，徒弟需通过有效的观察获取制作玉器的显性信息。

另外，通过眼和脑配合下的“观察”还能接收到一些隐性信息。隐性信息是难以在师父的动作示范和徒弟的观察中呈现和获取的信息类型。手工技艺是一门经验性的知识体系，鲜有理性、严谨的科学原理，每一个技法甚至刻画的每一笔都是通过世代累积和创作者领悟相结合起来的经验，有些技艺要点可以言说，有些却不易言明，甚至用肉眼也看不到。例如，在木雕创作过程中，刻刀“刻划一笔”的力度，其中有起伏转折，抑扬顿挫，就像书法中的一笔，看似简单，却包罗万象。这种用眼睛观察不到的隐性信息所具有的无法直观性和无法呈现性，容易在传播过程中被“噪声”侵入，阻碍徒弟对信息的认知、理解和接收，而隐性信息的传递又至关重要。如何解决这个问题，也许有人会建议，让师父边操作边讲解，上述已阐明其现实局限性。另外，有些师父即使善于语言描述与讲解，但也不会这么做。其中隐含着师父传授技艺信息的“深意”，即师父想给徒弟预留下适当的空间——思考与琢磨的空间，反复练习和试错的空间。观察是视觉和思维共同作用的实践活动，既然在隐性信息的传播过程中，视觉的感官与认知作用被大大压低，无法感知到事物的变化，那么复杂的大脑的思维活动就要积极地发挥作用，思考、分析、推理未被视觉感知到的隐秘信息。然后再通过反复模仿与练习中的“动作试错”行为，增加身体记忆和心理记忆，即“让徒弟长记性，下次就不会再犯错了”。徒弟在思维活动与试错过程中，要么自己思考与探索出隐性信息，即我们常说的

"悟"；要么师父觉得火候够了，在关键时刻进行一两句话的点拨或动手指点，拨开云雾见月明，这就起到了四两拨千斤的作用。这种技艺信息的传播方式看似玄妙不解但又富含人文性与科学性，这应该就是手工技艺以"动作示范"为手段进行信息传播的价值所在。

（二）"手把手"身体接触式传播

在手工技艺以身体动作为媒介的信息传播活动中，除了师父的动作示范外，还有一种更直接的信息传播方式——"手把手"传授。师父握着徒弟的手去操作，使徒弟通过触觉直接感知师父的手部操作力度、角度、方法等，感知手工技艺信息的精准与细微之处。这种信息传播方式感知力强，动作准确性高，传播速度快捷，能有效提高信息的传播效率。如同教师对书法初学者的"扶手润字"一样，教师的手扶握着学生的手进行书法练习，这样更容易使学生体会到汉字笔画的抑扬顿挫、轻重缓急，形成身体记忆，然后才是描红和临帖。

这种传播方式在传播学中称为"身体接触式传播"①，即受传者的身体与实体信息的直接接触。身体媒介的一个特点就是身体既是信息源又是传播媒介。手工技艺信息承载在传播者的身体上，因此身体是信息源，同时信息也依靠身体来传播与接收，因此身体也是传播媒介。在师父"手把手"教授徒弟的过程中（图 3-18），徒弟直接与信息源接触，通过触觉使传受双方建立起亲密联系，"没有身体接触式传播，触觉信息就无从谈起"②。视觉信息和听觉信息都可以不直接接触对象就可获得，但是触觉信息必须接触才能实现信息在师父与徒弟间的流动。"身体接触式传播的重要性不仅表现在触觉信息上，还表现在对信息理解的深度上。"③师父引领

① 赵建国在著作《身体传播》中提出了"身体接触式传播"的概念。

② 赵建国：《身体传播》，社会科学文献出版社 2018 年版，第 75 页。

③ 赵建国：《身体传播》，社会科学文献出版社 2018 年版，第 75 页。

图3－18　中国工艺美术大师谭湘光教授织锦技艺

着徒弟的“手”及身心去“体验”手工技艺信息，体验性是“手把手”身体接触式传播的主要特点。“身体接触式传播是体验的内核，而体验是理解所有信息的基础。符码传播最大的缺憾是没有直接体验。”[①]本书中所涉及的“体验”前文中已界定为身体的直接参与实践行为。“手把手”身体接触式传播比“体验”的含义范畴要小，它不仅是一种亲身实践，而且还是与信息源接触性的亲身实践。当然，也存在着不与信息源接触的亲身实践，例如练习，也是一种“体验”行为，这两种体验方式的特点和效果存在着差异性。

“手把手”身体接触式传播具有鲜明的直接性的特点，传播主体必须亲身参与、经历和实践。直接性的特点有助于减少信息传播中的“噪声”生成，提高信息的传播效率。其具体减少噪声的过程是：在手工技艺信息

① 赵建国：《身体传播》，社会科学文献出版社2018年版，第75页。

的传播过程中，不管是师父把技艺信息编码为有声语言还是手部的动作示范，散播出来的信息都要经过徒弟的感觉器官（耳朵、眼睛）的感知，并通过神经系统把信息传输给大脑，在大脑中形成动作和视觉表象，大脑对表象进行加工、理解与分析后转化为指令，发送给人的生理器官——四肢，特别是双手，最终由徒弟的双手的实际操作把信息展现出来。这是一个信息在人体内的完整而复杂的传播过程。也就是说，信息传递的最终目的就是把师父手上的信息传递到徒弟的手上。而"手把手"身体接触式传播，能使徒弟通过触觉直接与提前感知到信息最终显示出来的形态与状态，这在一定程度上加强了受传者对技艺信息的理解与体悟，减少了传播噪声的高发区，即眼睛看到的信息向大脑信息的转化，和大脑中的信息向手上信息的转化这两个中间环节所产生的"噪声"。因此，"手把手"身体接触式传播可以有效减少信息传播环节和降低"噪声"生成的概率，具有信息传播准确性高、速度快捷的优势，能达到较理想的传播效果。

综上所述，不管是师父的"动作示范"还是"手把手"的传授，徒弟接收到的信息都要通过肢体动作的方式将其展现出来。此时的动作只是处于认知与模仿阶段，徒弟忙于领会动作的基本要求与要领，往往只局限于关注局部动作，无法顾及动作的全部情况。而且精神和肌肉处于紧张状态，动作生疏而不稳定，缓慢而不协调。通过反复的练习与实践行为，动作逐渐稳定化，使"适当的刺激与反应形成联系并固定下来，整套动作连为整体，变成固定程序式的反应系统"[①]。这主要表现为两方面：其一，动作找到在身体中的某种联系与定位，形成身体的一种自动反应；其二，建立了动作连锁。受传者最初掌握的是局部动作，在动作转换之间易因生疏而出现短暂的停顿，但是通过反复练习，身体的协同性逐渐增强，会将动作联系起来形成一个整体性的动作系统，即形成一个连贯的动作技能。动

① 张向葵主编:《教育心理学》，中央广播电视大学出版社2015年版，第111页。

作技能是一种实践理性，这种实践理性是内在的，是在身体中建立起来的一种比较稳定的内感官和身体记忆，是一种身体机能。实践理性下的身体处于自动化阶段，受传者的紧张状态已经消失，甚至处于放松、自由的状态中，无须过多意识的控制也能熟练地完成整个动作，甚至可以边制作边和别人交谈，动作娴熟而迅速，准确而相互协调。至此，动作已然转换为了一种动作技能，成为一种实践理性，动作趋于稳定化，技艺像长在了身体上一样，不仅不会忘却，而且也不会这次有准头，下次就不准了。这就是关于身体动作的一个完整的信息传播过程，也是动作技能形成的过程。这种方式与境界自然能使技艺信息达到令人满意的传播效果。

三、神态表情

面部的表情神态也隶属于身体媒介的涵盖范畴，师父在技艺信息传播活动中的微表情尤为重要，微妙的表情神态、眼神流转恰好体现出“在场传播”的生动、活态的特点。在传受双方“面对面”所营造出来的空间磁场中微妙的情感、无言而隐秘的信息在潜移默化中默默流淌与传播着，传播效果自然鲜活而明显，这种信息传播的准确性、灵动性是观看视频、文字等形式所无法体会与达到的。

神态表情是人类表达感情与传递信息的重要符号，甚至比语言传递的信息还要丰富与复杂。美国口语传播学者雷蒙德·罗斯认为：“在人际传播活动中，人们所得到的信息总量中，只有35%是语言符号传播的，而其余的65%的信息是非语言符号传达的，其中仅仅面部表情就可传递65%中的55%的信息。”[①] 面部表情可以传播约一半的信息量，不可谓不多，这足以看出在人际传播活动中表情神态的重要性。其中，尤以眼神为

① 邵培仁：《传播学》，高等教育出版社2000年版，第139页。

主要信息源泉与沟通媒介，“人们利用眼神传出的信息几乎是无限的。研究发现：在社群传播中，人们大约用30%—60%的时间跟别人眉目传神”[①]。“暗送秋波”“眉目传情”等都是描绘眼神传递信息的词汇，也证明了眼神所具有的传播功能的真实性。表情神态、眼神等是世界通用性语言，具有一定的符号化和符号解读的功能，“它既能反映或表达个人的心理状态，又能把个人内心状态化为非语言符号传递给他人，或者把来自他人的符号予以解读之后接受下来”[②]。

手工技艺师徒传承方式具有一定程度的排他性与私密性，在作坊、家庭、工作室等特定传播场域内，传受双方长时间相处，面对面地“在场传播”，这使他们之间形成异常亲密的情感关系与默契，在信息传播过程中，传播者除了语言交流、动作示范外，在特定传播情境中自然流露出的脸部表情与神态、眼神等更容易让对方接收与理解所传递信息的内容，使其感同身受、心领神会，传递出鲜活、生动的实时信息。表情神态是一种为传递正文信息而附加的信息，但是这种附加信息不是阻碍信息传播的“噪声”，而是对信息传播起重要辅助与强化作用的有利因素，其作用不可低估。例如，师父在讲解小动物、仕女人物、罗汉菩萨等不同物象的玉器雕刻时（图3-19），神态表情也会不由自主地流露出物象特征与状态，在一颦一笑、眉飞色舞或仅仅动动眉毛间，就传递出不易表达的“弦

图3－19　李博生生动形象地向徒弟讲解

① 邵培仁：《传播学》，高等教育出版社2000年版，第142页。

② 杨金德、史冬冬编著：《个人形象识别教程》，厦门大学出版社2015年版，第96页。

外之音”，起着重要的辅助传播的作用。所以，神态表情传播具有很强的感染力与传达性，充分体现出“在场传播”活动中的信息在特定空间内流动的鲜活特征。即使是徒弟偷懒或创作不佳时，师父的生气发火，眉头紧皱，也对徒弟的学艺状态与学艺效果，以及技艺信息的传播起着重要的督促与推动作用，体现出“在场传播”方式的独特价值与不可替代性。

四、实物媒介

实物是一种真实存在的物质的基本形态，它看得见摸得着，可视、可触，是由“相对静止状态的质量的基本粒子所组成的物质”。[①] 实物媒介是指在传播活动中以静态的、具体的和现实的物品为载体传递信息的一种居间工具。在人类文字未出现以前，实物传播就以可视的实物形式传递信息、记载事情、保存记忆，原始社会时期的结绳记事、刻木为契等都是以实物为媒介传播信息的方式。在此后的历史发展中，各民族逐渐发展与建构起实物与含义之间约定俗成的信息关联，例如红豆传递着思念的信息，玫瑰传递着爱情的信息，鼎传递着权力的信息。在手工技艺信息传播活动中，实物媒介主要是指以物质性材料为载体的经手工制作而成的手工艺成品或半成品。手工艺成品（图 3-20）是指已经完成所有的工序、可以进行出售或展览的作品。它是技艺的物化成果，是手工技艺活动的最终目的。手工艺半成品（图 3-21）是指已经经过一定的制作加工，完成一道或几道工序，但未形成成品的处于中间阶段的作品，它显示出成品在每道工序制作过程中的不同状态，也呈现出每一种手工技艺的阶段性物化成果。

---

① 中国社会科学院语言研究所词典编辑室编：《现代汉语词典》（2002年增补本），商务印书馆2002年版，第1146页。

图3－20　成品《提梁卣》

图3－21　制玉工序中的半成品

手工技艺的实物媒介与其他实物媒介存在着区别，普通实物媒介既有未经人类改造的自然客体即“第一自然”产物，如红豆、玫瑰等，也有“第二自然”产物，如手信、虎符等。而手工技艺信息传播中的实物媒介（不管是成品还是半成品）都是经过人类加工改造过的“第二自然”成果，它身上保留有传播者想要传递的信息，而不是物的信息，以及传播者有意无意间留下的带有个体生命力的人工痕迹。所以，它带有一定的主体性，同时，它又具有实物传播本身的直观性，以及独特的示范与检验作用。

（一）实物传播的直观性

实物传播是传播者把实物样本呈现在受传者面前，受传者通过视觉、触觉等感官系统去观察与接触实物而传递信息的一种传播方式。实物传播与其他传播形式的不同之处是“实物传播是以实物自身作为信息呈现方式传播自身，直接诉诸信息的接受者”[1]，实物既是信息的媒介，也是信息本身。例如一本小说，承载小说信息的媒介是实物样本，传递信息的是人类创造出来的一种虚拟性符号——文字。信息与媒介是分离状态。而实物传播是合二为一的，信息与媒介之间没有虚拟符号的中介，由实物直接传播自身信息。再例如在声音语言传播中，传播者会把实物进行信息化的编码，把它转化为符号代码进行传播，“信息与信息的指代物是分离的”[2]。这种方式容易使信息在传播过程中发生流失和歪曲，影响信息的准确度。把“鞋子”这个实物编码为“鞋子（xie zi）”的声音语言进行传播，在传播过程中这条声音信息会因地域发音的不同而出现不同程度的失真和变化。比如有些地区会用“（hai zi）”的声音语言来表示“鞋子”实物，这就严重影响了信息传播的准确性与有效性。而以实物为传播媒介，信息与所指代的实际事物是一体的，信息就是实物本身，传播者把实物本身作为信息符号呈现给受传者，即直接把“鞋子”的实物放在受传者的面前，通过这种视觉直观性认识事物与传递信息。中间没有语言符号化的转换过程，这一定程度上会减少传播过程中的各种“噪声”，达到更加直观和准确的传播效果。与其他传播形式相比，它更加强调信息与媒介之间的联系与互动。因此，以实物为媒介的传播方式具有独特的、不易被替代的传播价值。

实物传播的独特性在手工技艺信息传播过程中体现得尤为明显，笔者在采访过程中发现，玉作师父通常会把某一个工序完成后的半成品往那儿一放，就走了。询问师父为什么这么做而不去讲解，师父说：“（玉件的制作工艺）都在那了，自己看就成了，还用说嘛。”师父离开后，徒弟们围观上去仔细观察和思忖，观察玉件的造型、琢制的剖面、俏色的位置、砣

---

① 姚鹤鸣：《传播美学导论》，北京广播学院出版社2001年版，第66页。

② 刘鸿庆：《云冈石窟文化及其传播研究》，中国国际广播出版社2022年版，第171页。

具的琢痕等，聪慧且用心的徒弟甚至能从琢面痕迹上判断出师父用的是什么型号的砣具。手工艺半成品的实物在散播着信息，成品实物更是如此。手工技艺行业内流传着“教会徒弟，饿死师父”的俗语，这使一些师父不愿倾囊相授，在运用核心技艺时，故意支开徒弟或躲藏起来制作。且不论这种现象在伦理道德上的是非对错，仅从实物媒介的作用上来说，它可以帮助徒弟破解师父的技艺密码。师父制作可以避开人，但制作而成的玉件实物总要呈现于世人面前。聪慧且专业技艺扎实的徒弟在实物身上总能窥探到师父操作技艺的一些蛛丝马迹，体察到核心技艺的微妙细节。就像法医在鉴定死尸时，虽然没看见死者的被谋杀过程，但是尸体这种静态实物却散播着如何被谋杀的信息，专业或观察敏锐的法医就可以探查与接收到这种信息。历经千年的文物隔着时间与空间的距离也仍然在传递着技艺信息，专家们甚至可以通过留存下来的实物复原千年前的手工技艺。例如浙江金华的婺州窑传统烧制技艺，“创始于东汉，衰微于元代，其传统技艺在明清时期已然失传。在近代，经陈新华等老艺人的努力，根据对婺州窑历史作品和文献的研究探索，终于烧制出了传统婺州窑作品”[①]。实物作品成为我们破解技艺秘诀的参照、指引与依据。

但是值得注意的是，虽然实物传播在感官上具有直观性，但是传受双方并不是原封不动的信息传递，它还涉及受传者的解读问题。面对相同的实物，不同的受传者会接收到不同的信息。例如，红豆在中国人眼里是相思、情人的意思，在外国人眼里只是食物。手工技艺的实物传播也是如此。一件手工艺作品虽然是客观存在的物品，但是由于受传者所处的社会、文化环境、教育背景的不同，接收的信息也会随之不同。例如，面对一件玉器作品，大众接收到的主要信息是故事题材，商人接收到的信息是

① 孙发成:《民间传统手工艺传承中的“隐性知识”及其当代转化》,《民族艺术》2017年第5期。

玉料的价值。在师徒间的技艺传承活动中，不同的徒弟接收到的信息也会不同，有人看到了题材，有人看到了造型，有人看到了琢制技艺。徒弟中受过高等教育的美术生，通常会比较关注作品的造型与审美，职业中专出身的徒弟通常会比较关注制作技艺与手法。他们虽然看到的是同一件实物，但是接收与解读的信息却会有所不同。

总之，实物作为信息本身兼传播媒介，其信息传播具有形象直观、信息准确率高、可信度强等特征，这使它的信息传播效果优胜于文字、语言等符码传播的效果。

（二）实物传播的示范与检验作用

手工技术是一种使物质形态发生变化的符合规律性和目的性的能动性手段和方法，它的最终目的与结果是将技艺物化为静态的、具体而现实的物品。换言之，从传播学视角来看就是手工技艺信息最终的呈现形态是实物。但是，手工技艺在展现的过程中不是静止的，它是在时间的运动过程中通过身体动作的操作呈现出来的一种动态信息，它是流动的。技艺在流动状态中是不容易衡量的，而实物就是用一种静态的方式来标识这种流动的物理量的一个相对静态的标准，观测与分析流动过程中某个瞬间的特定状态，使徒弟有一个直观的依据与技艺的标准。师父完成某个工序后的半成品，可以给徒弟以示范作用。例如琢玉技艺中的“出坯”[①]工序（图3-22），即运用砣具按照设计粗稿切割出玉器的粗略轮廓。师父在此工序中强调的切块分面[②]时要“见面留棱”[③]“先方后圆”“平底”[④]等口诀和要求，

---

① 运用砣具按照设计粗稿切割出玉器的粗略轮廓。

② 用大铡砣把玉件设计轮廓线以外的大块余料直线切除，俗称“剌活儿”。

③ 玉件被切割成几何形体块，体块与体块之间会留有几个大面，在确定玉件的体块关系后将一些大面切出若干小面。面与面之间就会形成很多棱，这些棱角要保留住，以方便在局部调整玉器造型和态势上能用得到，这种手法称为“见面留棱”。

④ “平底”就是找出玉器的纵向轴心与重心点，使其与地面保持一种平衡关系。

图3－22　出坯

在半成品实物上可以充分地呈现出来，徒弟通过观察可以形成直观印象与记忆表象，使其成为实际制作时的参照。同时，徒弟做的半成品也成为师父检验徒弟是否达到阶段性技艺要求的实物准则，即通过实物能够呈现出其技艺及施展过程。

实物传播是手工技艺师徒传承活动中必不可少的环节，它给了徒弟一个静观的时间和空间。语言传播和身体传播都是一个动态的传播过程，都需要在时间的流动中去呈现。语言与动作在流动过程中转瞬即逝、不易保存，受传者也不易对其把控与观测。徒弟在一味地倾听、观察、模仿的基础上，需要有一个机会或时间去静观、消化、领悟，去加深理解与搭建起师父的前期教授内容和教授成果之间的关联。这个时候，实物的出现就提供给徒弟一个静静观察、领悟与消化的机会，使他形象地、立体化地观看到每一道技艺工序的动作信息与语言信息的物化成果，这有利于信息的接收与理解，对传播效果也有一定的推动与促进作用。

总而言之，师父运用语言传播、身体传播的方式使徒弟通过感觉器官接收手工技艺信息，并经过大脑加工转化为手上的技艺，最终制作出实物作品，这是一个复杂而有序的传播过程，中间难免会产生很多传播“噪声”。而实物传播是师父直接将手工技艺的最终成果摆放在徒弟们面前，让他们对手工技艺有更加直观性的认识与标准建构，徒弟们大脑中形成形象化的认知与表象，这有助于加深对技艺工序、专业口诀与实际操作的理解与分析，指引与检验自己的手工操作。这种以实物媒介为传播手段的方式符合手工技艺最终以物化形态呈现的特征，具有一定的合理性。

传播媒介是手工技艺信息传播活动的重要研究对象，它是否契合于手工技艺信息的特点与传播需求，直接影响着手工技艺的传播效果。除了上述声音语言、身体动作、实物媒介之外，还有文字传播、图像传播以及现代多媒体数字化传播等，由于它们与手工技艺信息的特点有着诸多不贴合之处（如文字传播）运用的是一种抽象文字的符码信息，它与手工技艺的身体性、实践性的特点，以及形象性、直观性的传播需求之间存有一定的差距，信息传播效果相对就要逊色。另外，由于在我国传统社会，能识文断字的手工艺人为数不多，他们也少有撰写著作的能力与机会，所以，文字传播并没有成为手工技艺的主要传播方式。故此本书就未对手工技艺的相关次要传播媒介单独列章节进行论述。

第四节　受传者与传播效果

对于手工技艺师徒传承活动来说，徒弟个体或群体都是受传者。任何信息只有到达了受传者一方，才算是真正完成了一次传播活动。同时受传者也是传播效果的监测对象与显示器，是决定传播活动成功与否的关键之一。师徒传承是文化传播活动之一，是传统手工技艺与民族文化得以存续的有效手段。师父作为手工技艺传播活动的传播者具有主导与控制信息的流向、流量、方式等作用，居于主导性地位。师父的可信性、权威性与处理信息的能力都与传播效果有着密切关系。徒弟作为手工技艺信息传播的目的地与传播效果的显示器，是决定师父调整传承内容、传承媒介与传承方式，验证手工技艺传承效果的重要依据与标准。因为徒弟作为受传者并不是毫无能动性地被动接收信息，而是会启动自己的认知图式，结合自己的群体意识以及自身的经验、知识、动机与需求，对传播信息进行有选择性的吸纳与理解。不同的徒弟有不同的内在感知、思维与实践的身体条件与能力，对信息也有不同的反馈形式与反馈效果，这些都是影响徒弟接收信息以及制约传播效果的重要因素。所以，加强对手工技艺信息的受传者——徒弟群体与个体的研究与厘析，如受传者的特点、接收信息的能力与方法、反馈机制等，是研究受传者与传播效果之间关系的重要内容，对手工技艺师徒传承活动与传承效果有重要的作用与意义。

一、受传者的特点

手工技艺师徒传承活动中的受传者，我们一般统称为“徒弟”。在我国传统社会，他们的身份相对单一而稳定，例如，家族世袭传承中的受传者，主要是手工艺人的子嗣，即“良冶之子，必学为裘。良弓之子，必学为箕”[①]。通常意义上的师徒传承活动的受传者，多是地位相对较低下的“工”阶层或更加卑下的官奴婢、贫农等。“凡执技以事上者，不贰事，不移官，出乡不与士齿。”[②]他们地位低下，不准迁业，不准脱籍。现代社会中手工技艺信息的受传者的身份更加多元化，高校学生、学者、手工艺业余爱好者等都有参与，但是主体人群还是以其为职业的手工艺人。

① （西汉）戴圣编著，张博编译：《礼记》，万卷出版有限责任公司2019年版，第242页。
② （西汉）戴圣编著，张博编译：《礼记》，万卷出版有限责任公司2019年版，第163页。

（一）身体“在场性”

手工技艺信息的受传者区别于一般信息受传者的特点，主要是因手工技艺信息的独特性而具有的。手工技艺是承载于人的身体上的一种特殊信息，通过人的肢体的实践活动得以呈现出来，特别是由以双手为代表的劳动器官为主要实践工具作用于客观对象。所以，手工技艺具有身体性与实践性的特征，这决定了其传承需要以言传身教、口耳相传等近身或身体性接触为主要方式，要想达到理想的传承效果就需要传播者与受传者身体的“在场性”。

一般信息的传播活动中，传播者与受传者可以身体在场，也可以身体不在场。在人际传播活动中，传受双方可以面对面交谈，也可以通过电话、电脑等媒介形式进行对话与交流；在大众传播活动中，更可以脱离身体“在场”进行传播，如利用报纸、广播、电视等媒介进行远距离的信息传播，这是大众传播活动的重要标志与特征。但是在手工技艺师徒传承活动中，身体是否在场将会直接影响手工技艺的传播效果，甚至会导致手工技艺的遗失与消亡，极大地影响着手工技艺的长远发展。

“在场”是一个哲学概念，本书中特指身体在场，确切地讲是师父与徒弟在同一个空间内进行的近距离接触。人借由身体感知世间万物，也通过身体学习各种技能和知识。这里的“身体”，除了现实物质存在的“肉体”外，还包括承载在“肉体”上的推理、认知、感悟等高级思维活动。也就是说，手工技艺传承活动中身体在场的“身体”是指受传者的肉体与心智合二为一的身体，而不仅仅是肉体在场，心智已跑，例如徒弟心不在焉、熟视无睹，是无法有效接收师父发送的信息的。受传者的身体“在场性”可以通过身体的视觉、听觉、触觉等感官系统对在场的对象与场域进行感知和把握，对师父通过身体与言语发送的信息进行感知与思考，并对信息刺激做出最直接与及时的信息反馈，这非常有利于提高传播效果。

当然，在手工技艺师徒传承活动中也存在着身体不在场的形式，如受传者通过观察实物或观看教学视频、书籍等方式接收技艺信息，这种方式因为在空间与时间上的隔离，身体与身体的疏远，在传播过程中不可避免地会产生较多的传播噪声，故它只能作为辅助性的温习手段，不能作为主要的传承方式。如果手工技艺以身体“不在场”的传播方式为主，那么手工技艺恐会面临着信息失真、歪曲，甚至是面目全非，直至消亡的危境。所以，身体“在场性”传播应该作为手工技艺受传者接收信息的主要方式。

（二）接收信息的身体条件

如上所述，手工技艺是储存在身体上的信息，传播者通过连续性动作与行为将其展现出来进行传递，受传者通过身体的感知与思维活动接收信息，并通过身体的模仿、练习与实践最终将技艺信息汇聚、转化与储存于身体上，因此，身体对于手工技艺有着不可替代的重要位置与价值。对于受传者来说，是否拥有或具备接收信息的身体素质与动作能力就显得尤为关键。

对于一般信息的受传者来说，没有身体的动作能力也可以接收信息，如四肢不健全或行动不便的人群可以利用自己尚存的听觉、视觉、触觉等感官系统去听广播、看电视或与人交谈来接收外部信息，这并不影响信息的接收效果。但是对于手工技艺这种特殊性信息来说，失去了身体的动作能力，也就失去了接收技艺信息的能力。受传者调动听觉、视觉、触觉等感官系统是接收信息的第一步，信息通过神经系统上传至大脑中进行储存，如果技艺信息的传递截止于此，那受传者也将只懂理论，不会实践。所以，受传者还需要把接收到的信息转化到自己的身体上，成为身体的一种身体记忆与技能，这个转化的过程就需要身体的模仿、练习、实践活动才能完成。如果受传者不具备学习某项手工技艺所必需的身体条件，就很难完成最后的转化过程，例如失去双手的人会非常困难或无法完成琢玉或剪纸技艺的动作操作。

受传者的身体除了要具备最基本的动作能力之外，也需要具备基本的心智能力。师父传播技艺信息的方式往往言简意赅，甚至是只做不说，这除了师父自主传授意愿不足的个别因素外，最主要原因是手工技艺中有很多只可意会不可言传的隐性信息，这恰恰给师父考验徒弟接收与译码信息的能力提供了契机。让徒弟自己去琢磨、思考、顿悟，逐渐转化为自己身体上的技能，这才算是真正且完整地完成了技艺信息的接收过程，达到了信息传播的目的。

人的身体是人与外界沟通的媒介，人借由身体感知世间万物，也通过身体学习各种技能和知识，对于手工技艺信息传播来说更为重要。手工技艺的受传者只有具备基本的动作能力与心智能力，才算具有了接收技艺信息的身体能力，这也是受传者接收技艺信息的基本条件。

(三)接收信息的动机与需求

人类的一切活动都是为了满足人的某种需求而产生的，如物质需求、精神需求、社会需求等。没有需求就没有社会活动，没有接收信息的需求，就不会有信息传播与接收活动。受传者的信息需求反映了受传者的状态与反馈，也给传播者提供了信息传播的依据与实施对象。受传者的需求是各不相同的，美国著名社会学家亚伯拉罕·马斯洛提出了著名的需求层次理论。他将人类的需求从低到高排列为生理需求、安全需求、社交需求、尊重需求以及自我价值实现的需求。五个需求呈纵向、阶梯状排列，在前一个需求满足的基础上才会产生更高层次的需求，不能跳跃式发展。内在需求产生了动机，需求成为动机的驱动力，动机促使了社会活动的产生。传播活动的动机与目的就是满足传播主体进行信息传播的多种需求。

手工技艺信息的受传者的主要动机是生存动机，即生理需求与安全需求。这主要是因为：手工技艺是一种伴随着人类的诞生，为了满足社会生产和生活的需要，在劳作实践中逐步产生与积累的内部专业性知识或经验，也就是说手工技艺自诞生起就是为了满足人类的生存需求而产生的。随着生产力的发展和社会生产部门的分化，手工技艺不断完善，分工更加精细，技艺作为重要的社会生产力与私有财产得到统治阶级的重视与垄断，并最终成为谋生与谋财的重要手段。所以，手工技艺的诞生、发展都与人类的生存动机密切相关。直至当下，手工技艺仍是一种可以谋生的专业技能与职业。

但是，由于手工技艺是以人的生命体为载体的创造性手段，故除了生存与物质需求的基本动机外，也存在着符合主体的生命性与情感性需求的社会尊重、精神娱乐等动机与需求。例如农村妇女与闺阁姑娘的女红技艺，她们学习技艺并不是为了获得单纯的物质性利益与财富，而是为了赢得社会与他人的尊重与认可，符合社会对“妇功”德行的要求；另外手工技艺带给人的自由感与创作感，也满足了人们闲暇时间的精神性需求。所以，手工技艺受传者的接收动机是多元化、多层次的，物质、精神、社会需求兼而有之，只不过在不同的社会环境与文化背景下各种动机与需求所占的比重不一样。例如，传统社会的技艺接收者以生存动机为主要出发点，其他精神性、社会性需求为辅；而现代社会随着手工技艺的价值目标的历时性调整，“从物质生产领域转向精神生产领域，从实用价值创造转到审美价值创造”[①]，手工技艺成为“现代人对世界的艺术的掌握方式，成为人们自主地把握其艺术化生活的创造性手段”[②]，它带给人们创作中的审美愉悦性，调节着现代人紧张单一的生活方式，这使手工技艺信息受传者的生存动机与物质需求的比重慢慢下移，而精神性与娱乐性需求徐徐上升。值得注意的是，传统与现代之间并不是割裂的关系，现代社会只不过

---

① 吕品田:《必要的张力》，重庆大学出版社2007年版，第166页。

② 吕品田:《必要的张力》，重庆大学出版社2007年版，第166页。

是把传统社会更高级的精神性需求更加集中地表达了而已，它们之间有着内在的联系与交互，所以，手工技艺信息的受传者的动机随着社会环境与自身需求的变化而不断地适时调整。

二、受传者的信息接收能力

手工技艺传承具有与身体性密切相连的接收要求，身体性贯穿于信息接收方式——观察、模仿、练习与思考的全过程之中。观察是人通过感官系统积极地、能动性地接收外部信息与刺激的行为。在手工技艺传授过程中，徒弟在观察师父的实践操作与动作示范时，通过视觉的感知能力在大脑中存留下动作表象，为身体的实践与思考活动提供了储备素材与动力，故观察是身体的一种内模仿行为。模仿是身体的一种学习行为，练习是身体加强学习的重复行为。受传者在观察之后会对师父的动作下意识地去比画与模仿，再通过反复的身体实践与动作练习，把技艺信息转化到自己身体上，加强身体的记忆性，这两种接收信息的方式都是身体性的实践行为，与肢体动作直接相关。思考是大脑独有的思维运动，对技艺信息的思考是伴随着具象性身体动作的思考，而不是伴随着抽象的理论性内容的思考，动作与思维如影随形。可见，身体性贯穿于信息接收活动的各个环节，身体性是获取手工技艺信息的重要条件与特征，作为受传者也必须具备这种身体性的基本条件与能力，即身体的感知能力、思维能力与实践能力，身体能力的具备与否以及强弱直接影响与制约着传播效果。

（一）身体的感知能力

感知，又称为感知觉，是感觉与知觉的统称。感觉是感觉器官接触外部信息与刺激后，感官上的神经细胞兴奋将信息传送到大脑而形成的，多种感觉相互联系，综合到一起就产生了知觉。感知能力是感觉器官齐全与正常的人都具备的一种身体能力。感觉器官是受传者接收身体外的信息与刺激的第一个通道。手工技艺信息受传者的感知能力以视觉感知为主，通过眼睛的“观察”接收动作信息，听觉、触觉等感知器官为辅助，它们相互协调、相互作用，提高了大脑皮层的综合性功能，使受传者的感知能力更加准确和全面。此外，手工技艺信息受传者的身体感知还具有以下特色。

首先，受传者的身体感知具有能动性。手工技艺信息的受传者通过感觉器官接收信息是一种积极的、能动性的行为，会对技艺信息有选择性地偏向与取舍，并不是被动性地全盘吸纳。阿恩海姆认为：“人的视觉决不是同一种类似机械复制外物的照相机一样的装置。因为它不像照相机那样，仅仅是一种被动的接受活动，外部世界的形象也不是像照相那样，简单地印在忠实接受一切的感受器上。相反，对于人来说，他总是在想要获取某件事物时，才真正地去观看这件事物。……因此，视觉完完全全是一种积极的活动。”[①] 不只是视觉，听觉、嗅觉等感知行为也是如此，受传者根据自己“使用与满足”[②] 的个人需求，身体有选择性地去观察与倾听师父发送来的信息。因此在感知能力面前，徒弟往往要借助主体的能动性来获取技艺信息，不同的徒弟，甚至同一个徒弟在不同的条件下感知到的信息内容也是不相同的。例如，师父对于玉器人物开脸[③] 的技艺动作示范，有的徒弟看到了人物造型的塑造，有的徒弟观察到了工具的娴熟利用与方

---

① ［美］鲁道夫·阿恩海姆：《艺术与视知觉》，滕守尧、朱疆源译，四川人民出版社 1998 年版，第 48—49 页。

② 在传播学受众研究的理论中有一个针对和满足受传者的需求而有意识或无意识选择媒介和信息内容的研究，即“使用与满足”。它在 20 世纪 40 年代由美国 H. 赫佐格提出，至 20 世纪末已臻成熟。40 年代，赫佐格展开对广播媒介的“使用与满足”研究，他认为人们喜爱收听知识竞赛类节目是基于各种需求——竞争心理需求、获得新知需求、自我评价需求等。

③ 人物细微的面部表情、眼睛、发丝等的精细刻画。

法，有的徒弟则默默记住了技艺口诀。

其次，感知能力伴随着思维活动。感知是与思维活动相结合的一种实践活动，不是单纯的生理上的“看”与“听”，而是伴随着思维活动的“看”与“听”。这在本章第三节第二点“身体媒介”的“‘动作示范’传播”部分已详述，此处不赘述。

最后，伴有动作表象的感知能力。受传者在利用感官系统接收技艺信息后，会在大脑皮层形成所感知的外部事物的形象，即表象。表象与感官直接感知到的直观形象相比更加模糊，它只是对客观事物的大体轮廓与部分主要特征的反映。不同生命个体的感官系统接收相同的信息后，在头脑中所形成的表象会存在差异性。因为表象不是受传者对接收到的信息的机械反映，而是根据自我的需要、兴趣、知识经验等的一种主动性反映。表象有很多种不同的存在形式，如视觉表象、听觉表象、动作表象等。其中在手工技艺受传者的大脑中存留最多与最典型的是动作表象。动作表象是指“在头脑中重现出来的动作的形象。它反映动作在一定时间、空间和力量方面的特点，如对身体位置，动作力量、幅度、方向和速度等”[①]。在手工技艺师徒传承活动中，徒弟通过观察师父的动作示范或操作，将感知到的感性形象与动作上传至大脑，大脑皮层中就会形成与保留住一些动作表象，例如师父敲打银器的姿态、角度，敲打的幅度与力量，手部的动作等就像放电影一样在受传者的大脑中流淌。动作表象成为进行下一步思维与实践活动的基础与素材，如影随形地指挥与引导着自身的思维活动与实践活动。

（二）身体的思维能力

“思维”较之“感知”更为复杂，思维是在感知基础上的高级认知活

---

① 徐胜三编写:《教育心理学简编》，山东教育出版社1983年版，第278页。

动，它反映客观事物的本质与内在联系。“思维与感知在本质上都是大脑对客观现实的反映，只是反映的方式有所不同——感知反映直接作用于感官的客观现实；思维则是以间接的、概括的方式来反映客观现实的本质和规律。”[①] 大脑是思维的器官，也是人类优越于动物的最根本的器官。大脑是神经系统的最高级部分，左右半球分别掌管着不同的领域与功能，它们均衡发展、共同协作，形成多种思维方式，如形象思维、逻辑思维、动作思维等。手工技艺是一种依靠身体的外部器官如躯干、肢体，特别是双手进行连贯性与体系性的动作来创造艺术形象的技能形式。动作是手工技艺的组成要素与外化呈现，它不是简单的、单独存在的物理性运动，而是在思维与意识的指导下进行的行为。“动作是思维的外化，思维是动作的内化，思维只有外化为动作才能对外部物质世界发生作用，同样，动作只有内化为思维才能使动作的内容上升为理论。”[②] 皮亚杰也认为：“思维是动作的内化，即动作对于人的思维的形成和发展具有决定性意义。”[③] 动作与思维是相辅相成的关系，手工技艺活动中的二者关系更为直接与显著，身体的手工技艺动作引起思维，思维的结果又表现为技艺动作。因此，手工技艺运用最多的是动作与思维密切相连的“动作思维”。

动作思维是一种“伴随着人的肢体动作而进行的思维活动”[④]。动作思维又分为低级动作思维与高级动作思维。低级动作思维具有直观性，是人类初期或孩童时期的一种思维方式，它的特点是动作停止，思维也停止，不能在动作外进行思考，如儿童扳着手指头数数，动作停止，儿童也就停止了运算。高级动作思维，也称为操作思维或实践思维，思维与动作相互推动、密切配合。大脑在思维的过程中伴随着动作。大脑中呈现着动

① 方道：《写作学概论》，安徽教育出版社2016年版，第126页。
② 孙大君、殷建连：《手脑结合的理论与实践》，吉林大学出版社2012年版，第169页。
③ 田运：《思维论》，北京理工大学出版社2000年版，第298页。
④ 田运：《思维论》，北京理工大学出版社2000年版，第306页。

作表象，并随时接收动作及外部信息的反馈，不断调整着思维过程。而且在操作思维中，“有过去的知识经验作中介，有明确的自我意识的作用”[①]，所以动作思维是一种能动性的、有意识的、伴随着动作表象与经验的高级的综合性思维。这种思维方式在手工技艺操作过程中屡见不鲜，手工艺人在制作时经常会一边观察已经完成的部分，一边思考下一步应进行的工作。他们在动作中进行思考，在思考中又伴随着动作，两者相辅相成、互相促进。例如，玉器琢制过程中有一个非常重要的“相玉”（图3-23）环节，就是运用动作思维反复斟酌与试错的过程。手工艺人观察着手中的玉料，大脑在急速运作与思考着：“砣具如果在这个地方琢下去，造型空间就会不足；如果在那个地方琢下去，就会破坏整体感。”最终砣具琢制的位置是经过反复的思考与试错过程后才决定的，只不过这个过程是默默进行的，外人无从看到。

因此，手工技艺运用的思维是以动作为主，思维围绕着动作进行，思维服从于动作的方式。受传者把用感觉器官接收到的技艺信息上传至大脑，进行思考、理解与领悟等信息处理活动，大脑思维的结果又服务于动作，“思维的本质力量就在于它能通过自己对象性的活动使客体发生为我所用的变化”[②]。通过思维活动使动作做得更准确、更牢固，这就是思维的最终目的，

图3－23　郭石林相玉

① 丁永强、李明江主编：《心理学教程》，河南大学出版社2007年版，第91页。

② 孙大君、殷建连：《手脑结合的理论与实践》，吉林大学出版社2012年版，第175页。

即服务与反馈于动作。这里值得注意的是“动作思维的实质在于动作与思维具有同一的内容，动作的内容也就是思维的内容”[1]。例如，手工艺人一边在动手琢玉，一边在思考中午吃饭的问题，那么动作与思维是分离的，此时的思维已经不是动作思维而是一种纯脑思维。

除了动作思维外，手工技艺也运用形象思维与逻辑思维等进行思考，形象思维是指依靠直观形象与已存留在大脑中的表象为凭借物来进行思维和解决问题的一种方式，具有生动性与直观性的特点。但相对来说，在手工技艺的学习与操作过程中，形象思维与逻辑思维所占比重要少于动作思维，故此处不详述。总之，手工技艺信息的受传者是否具备上述思维能力以及能力的强弱与否，不但会关涉到信息的接收与译码效果，也会影响到受传者自身的手工技艺创作水平。

（三）身体的实践能力

手工技艺信息的受传者通过有效的感知与思维基本上接收与获取了手工技艺的制作信息，即“知道了怎么做”。但是，“知道怎么做”并不代表着“会做”，二者之间并不是对等关系。储存在大脑中的信息只是关于手工技艺的理论性知识，要把这种信息转化到身体上，外化为肢体上的动作，就必须通过身体的实践性活动去完成。毕竟手工技艺信息的传播目的，就是将师父身体上所承载的技艺信息传递到徒弟的身体上。

手工技艺信息的受传者的实践活动主要包括模仿、练习等体验性动作与行为。首先，受传者对师父的操作动作或动作示范的仿效。它是掌握技艺动作的一种学习行为，也是形成动作技能的一个必要阶段。模仿以师父的动作定向所形成的动作表象为依据来进行调节。在模仿的过程中，可以使这种动作表象得到一定程度的检验、校正和稳定，为反复练习奠定基

① 田运：《思维论》，北京理工大学出版社2000年版，第306页。

础。在身体模仿过程中，受传者的动作方式会出现不够协调、动作迟缓或动作的准确性、灵活性较弱等问题，这些都是动作熟练度不充足的表现，这时需要“练习”的参与。其次，练习是加强对技艺信息的掌握、理解和记忆的身体性重复行为，通过对某一个或某一种动作的反复练习实现手工技能的熟练化或自动化。俗话说“要学惊人艺，须下死功夫”“一遍功夫一遍巧”，徒弟在重复的动作行为中，对身体的姿势、手劲、节奏等方面的控制性逐渐加强，动作熟练程度提升。因此，手工技艺传承，需要在动作模仿和反复练习的基础上，达到一种高度自动化、完善化和适应性的程度和水平。它不仅表现在动作的准确性、灵活性和稳定性得到较大提高，而且可以把局部动作连成一个动作系统去看待和操作。而且身体的动觉控制性增强，视觉控制性减弱，即身体的自动化程度或身体的条件反射性增强。另外，动作的得心应手使身体的疲劳度降低，使人在精神上呈现出物我合一的自由翱翔状态。

所以，受传者的模仿与反复练习的实践行为的目的，就是通过身体的不断体验与试错的过程将头脑中接收与储存的信息转化到身体上，转化的准确性与稳定性就要依靠动作练习的量是否达到了熟练的程度为依据。这时的技艺信息就成了身体记忆与行为习惯，成为一种自动化的存在方式。就像谚语讲到的：“炮打多了，再次的炮手也能打中。”这就是身体实践性的有效作用。这种行为惯性一旦形成便会成为一种内在的隐性信息，有时甚至连手工艺人自己也说不清楚。钱学森先生曾讲过“有块铜片不平，一位钳工师傅拿起锤子，铛铛几下就平了，别人就不行。这位钳工师傅能不能把他的经验给你说出个道理来？说不出来”①。这就是实践能力的奇妙与独特之处。

总之，手工技艺师徒传承的目标之一就是使徒弟学习并掌握一定的手

① 孙大君、殷建连：《手脑结合的理论与实践》，吉林大学出版社2012年版，第175页。

工艺技能。徒弟通过观察师父手工操作和动作示范，在头脑中形成一个较完整与清晰的动作表象，并通过思维的加工使其“内化”，建立起正确的动作概念；徒弟再将脑中的记忆表象通过动作展现出来，在反复练习和试错的过程中不断去调整与适应，逐渐转化成带有个体自身生命体验的身体记忆或定式，最终实现了对技艺动作的学习和掌握，实现了手工技艺信息的传播与接收。

值得注意的是，受传者身体的感知能力、思维能力与实践能力是集合于一体的不可分割的一种综合能力，上述只是为了更加翔实与深入地剖析，将其细分为具体内容分别论述，但是在手工技艺师徒传承的实践应用中，它们并不是拆分开来分别运作和发挥作用的，它们经过长时间的磨合与锻炼，已融合为一种整合性的综合能力。对于受传者来说，这样一种综合能力的具备可以对技艺信息最大限度地接收、理解与译码。

三、受传者的信息反馈

“反馈”（Feedback）是美国麻省理工学院的诺伯特·维纳(N. Wiener)1948 年在其《控制论》中首次提出的。反馈“指的是送出去的电波或信息的回流”[①]。一个完整的传播过程必然包括反馈。1954 年施拉姆在奥斯古德的研究基础上总结出的“奥斯古德—施拉姆双向循环模式”（图 3-24）中提出了信息反馈机制的理论，即受传者在接收信息后，会对传播者产生信息的反馈，即“解码者对讯息的反应而返回编码者的过程”[②]。在反馈过程中，受传者的身份转化为传播者，传播者和受传者处于互动往返的编码与译码的循环模式中。传播学中有各种信息反馈形式，如广播、电

① 邵培仁:《传播学》，高等教育出版社 2000 年版，第 222 页。
② 李黎明主编:《传播学概论》，武汉大学出版社 2011 年版，第 118 页。

视的收视率，观众听完演讲后的反应，学生对教师上课内容的评价以及学习成效等。受传者将自己对信息内容的态度、情感、评价等回传到传播者那里，传播者根据受传者的反馈信息与意见检验传播效果，并调整信息内容与传播行为，以便达到较理想的传播效果。所以，受传者的反馈是传播者判断传播效果的“晴雨表”。

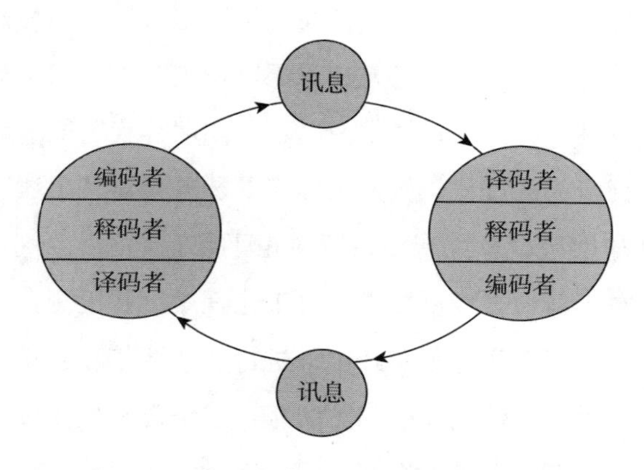

图 3－24 奥斯古德—施拉姆双向循环模式

在手工技艺师徒传承活动中，徒弟对师父所传授的信息内容的评价与学习效果就是信息的反馈。徒弟将自己对信息内容的态度、情感、评价等回传到师父那里，师父根据徒弟反馈的信息与意见检验传播效果，并调整信息内容与传播行为，以便达到较理想的传播效果。徒弟的信息反馈形式比较多样化，有时是有意识而为之，有时是无意识的流露；有时是通过语言符号传递，有时是通过表情、肢体动作等非语言符号透露。“迷惑不解的表情、厌倦的迹象都在告知讲课人：需得讲清某个观点，或者该换一个话题了。”① 不同的传播活动有不同的反馈形式，手工技艺师徒传承活动中

① ［美］沃纳·赛弗林，小詹姆斯·坦卡德：《传播学的起源、研究与应用》，陈韵昭译，福建人民出版社 1985 年版，第 46 页。

的反馈也有其独特形式与特点，既有受传者的自我反馈，即内反馈；也有技艺传授过程中的人际反馈，即外反馈。

首先，自我反馈活动，即自我传播，把代表人的“真实的那个自己”的“主我”看作传播者，把代指“自己评价或别人评价中的那个自己”的“客我”当作受传者。“主我”主导着信息传播的内容与形式，“客我”做出积极的关于态度、观点、情感等方面的反馈与自省。如写完一篇论文后自己反复地朗读与修正，手工艺人在琢玉过程中对玉件的反复推敲与琢磨都是一种自我反馈行为。这是“主我”不断向“客我”征求意见、以便提前修正某些传播行为的过程。例如玉作行的徒弟会对“出坯”后的玉件反复观看、揣摩与推敲，思忖造型是否端正平底、是否做到了“宁方勿圆”的琢玉法则。在不断地自我反馈中推进工艺程序，并检测自身是否把师父教授的诀窍法则运用在了琢玉实践中，进行自我调整和修正。笔者采访的多位手工艺人都表示即使制作时间再紧张，这个自我反馈过程也是万万不能省却的，它可以起到事半功倍的作用。因此，自我反馈是一种隐匿的、自为的、不被外人所知的内反馈行为，具有较强的主观性与个体性，其反馈效果与个人的专业技能、技艺水平密切相关。

其次，徒弟对师父的外反馈。这是手工技艺师徒传承活动中最主要的反馈形式。师父与徒弟之间面对面的信息交流属于人际传播形式，师徒双方可以近距离地听其言、观其行、察其色，信息处于双向互动的传播过程中，师父的信息传递与徒弟的信息反馈处于相互作用、相互影响的关系中。只要存在信息的传播，徒弟就会对接收到的信息做出相应的反应，无动于衷、漠不关心也是一种信息的反馈。徒弟在整个信息传播过程中并不是被动地吸纳与接收，而是主动地吸取与反馈。这样徒弟的参与性与融入性更强，更有利于提高信息的传播效果。

由于手工技艺的实践性与身体性的特征，手工技艺师徒传承的反馈有着区别于大众传播和一般性人际传播的独特性，既具有局部信息反馈的即时性与显著性，又具有整体信息反馈的延时性与隐匿性的特征。

（一）即时性与显著性

在传播活动的时间界面上，传播与反馈是前后承接关系，必须先发生传播行为，后面才能承接反馈行为。两个行为之间存在着时间上的先后顺序和时间间隔上的长短，时间间隔成为界定信息反馈即时性与延时性的衡量标准。不同视角下的手工技艺信息，其反馈时间长度是不一样的。我们辩证地来看待手工技艺信息，可以将其划分为微观视野中的局部、具体信息与宏观层面上的整体性信息系统。两者在反馈时间和反馈效果上都存在着差异性。

在微观视野中，手工技艺可以被解读为由若干局部信息，如动作、手势、口诀等组合而成的信息形式。局部的、具体的信息多元而复杂，如同密布的血管贯穿于手工技艺全身，虽微小却不可或缺，此种信息具有反馈即时性与显著性的特点，这主要是由“在场传播”与“局部信息”两方因素决定的。

手工技艺传承主要是师徒双方通过身体媒介进行的面对面的“言传身教”式的在场传播。师徒双方的身体“在场”，可以进行即时信息的传递与交流，这时的信息反馈具有即时性与同时性的特点。在手工技艺“言传身教”的传承活动中，师父和徒弟之间是一种无中介人或物的信息传播活动，双方可以近距离地察言观色，徒弟能观察到师父的表情、手势和其他身体动作，也能感受到工作场域的气场与氛围。同时，师父也可以观察到徒弟接收信息时的表情和肢体动作的反应，能快速感知到徒弟的身心状态。徒弟也可以在技艺传授过程中随时提问与请教，师父给予答疑解惑。在这种“在场传播”的情境中，徒弟的反馈相对来说是非常直接、即时和集中的，师父能及时地根据徒弟的反馈来对自己发出的信息进行补充与解释，这种信息反馈使用的时间较短，效率却较高，有利于提高传播效果。

正是因为手工技艺传承活动的“在场传播”方式，师徒双方在同一传播场域中可以近距离地感知对方，并迅速做出反应，师父可以从徒弟的反应中判断他的技艺掌握情况。因此信息反馈不仅是即时性的，也是显著性的。师父能通过视觉等感知器官迅速而敏锐地捕捉与觉察到徒弟在神态、动作方面的反应。当然这里的信息是局部的、具体性信息，如一种工具的使用，一个动作、一个艺诀等。师父可以通过徒弟的一个动作的操练手势与姿态，甚至是工具发出的敲打声音，判断出徒弟是否动作到位，是否动作熟练，是否已经完整地掌握动作要领。其中，徒弟迷惑不解的表情、紧绷的身体、生疏的动作、杂乱的敲打声音，都是徒弟现场给予师父的信息反馈，师父通过这些信息反馈可以进一步掌控与调整技艺传授的节奏与步骤。如果师父觉得徒弟的练习火候到了，师父就会立马喊停，让徒弟练习下一个动作，反之亦然，这形成了一种信息的双向交流与互动过程。

（二）延时性与隐匿性

宏观视野中的手工技艺是一个整体性、系统性的信息系统，也就是我们常说的一种技能或一门手艺，相应的徒弟的信息反馈具有延时性与隐匿性的特点。延时性反馈是一种在传播活动过去较长时间后才得到的反映和评价。手工技艺是一种由很多局部技艺信息组合而成的综合性技能体系。师父判断徒弟对该门手艺掌握得如何以及能否出师的依据，便是把手工技艺当作一个体系来看待而定下的判断准则。

手工艺是一门时间性的艺术，不仅每一个工艺步骤如选材、工艺、制作等都需要时间的淬炼与打磨，而且要把技艺信息转化到自己身体上，需要受传者经年累月的练习与实践才能完成，这是一个非常耗费时间的学习、接收与转化的过程。因此，技艺信息的反馈具有延时性的特点。例如，师父判断徒弟的玉雕技艺达到几级工[1]，不是通过徒弟一朝一夕的信息反馈就能做出的判断，它需要一个长时间的过程去收集与积累徒弟平时零散的信息反馈，最终汇总成一个统一性与整体性的反馈。此过程若无三年五载是无法做到的。所以，手工技艺信息反馈的延时性是耗费时间的延时，这区别于信息传播行为的延时，例如广播信息的反馈，它需要一个后期的调查、计算、汇总等环节与过程，受时间和空间上的阻隔，传播者较晚才能得到信息反馈，这种是信息传播行为的后续工作导致的延时，和手工技艺耗费时间的延时性是不同的。这也是手工技艺信息反馈的独特性之一。

同时，这种把手工技艺作为一个完整的信息系统来看待的反馈形式还具有隐匿性的特征。手工技艺师徒传承是一个在时间长轴上展开的传授与反馈的行为过程，它需要经历长时间对信息的积累、整理、分析才能获得较系统和一致的信息反馈。师父需要从徒弟平时学习与制作的过程中，有意识或无意识地拾取与收集一些零碎的个体信息的反馈。例如一点一滴的技术进步、动作的熟练度、技艺口诀的记忆量等，最终汇集成徒弟学艺效果的整体性信息反馈。这个信息的反馈行为具有隐匿性与零碎性的特征。例如，师父在给徒弟"改活儿"[2]的过程中，通常是不说话或者寥寥几句，"脸颊应该摁下去，鼻子自然就起来了""这儿道线都是平行线，不好看，要破掉"等。师父修改完成后，徒弟拿着玉件就回去了。徒弟听取师父的修改意见和观察师父操作后的吸收效果如何，师父一时无从得知，因此，信息的反馈具有隐匿性。那么师父最后是如何获知信息反馈的？答案是实物作品。

手工技艺独有的反馈形式即实物。实物作品是手工技艺这门非物质文

---

① 新中国成立后制定的玉雕工人技术等级标准准则，根据甄别材料，整治、使用工具，技艺专长，设计能力等将玉雕工人划分为八级。

② "改活儿"，即徒弟把做坏的玉器活儿（半成品）拿到师父这里，师父帮其修改与纠正。

化遗产的承载与展现方式，它也是手工技艺信息的反馈具有隐匿性或间接性的原因之一。手工技艺是我国非物质文化遗产之一，非物质文化需要呈现出来，使人们能够用视觉、听觉、触觉去感知与欣赏。戏曲、民俗活动等通过现场表演的方式去展现，而手工技艺是通过实物作品的方式去呈现的。评判手艺人的技艺如何，最终要通过技艺的物化形式——作品来展现。师父判断徒弟对技艺信息的接收效果，也需通过徒弟做的“活儿”来反馈。例如，玉雕人物中最难做的一个部位就是手，手势多种多样，不同性别、年龄与身份的人物有着不同的手势，如仕女的兰花指、菩萨的莲花指等。徒弟琢制出来的手的造型不仅反映出他的技艺掌握与熟练程度，而且也反映出徒弟的感知与思维能力、身体的分寸感与节奏感等。这些隐性信息通过实物作品反馈给师父，成为师父判断徒弟学习与吸收效果的依据，只是这种信息反馈不够直接，带有间接性与隐匿性的特点。

总而言之，手工技艺师徒传承活动中的信息反馈所具有的即时性与显著性、延时性与隐匿性的特征，对师父以及整个技艺传承活动起着重要的修正与促进作用。信息反馈直接或间接地反映了徒弟的自身需求、动机、态度与意见，它可以促进师父及时地修正、调整与改进输出的信息内容、传承形式与传承媒介；还可以激发师父的传承热情与思考能力，使其产生新的观点与创意。所以，信息反馈对促进手工技艺的长远发展与传承活动的顺利开展具有重要作用，也是师父检验传承效果的重要依据。

第四章

关于手工技艺师徒传承效果改进的思考

通过上述对手工技艺信息传播活动中的传播者、传播内容、传播媒介、受传者的分析与论述，已厘析出影响手工技艺信息传播效果的诸多因素。在综合传播效果的分析与评价的基础上，可以对当下手工技艺师徒传承效果改进作出规律性的思考与建议。本章主要从减少手工技艺信息传播过程中的“噪声”与不利因素，建构手工技艺传受双方“共通的意义空间”两方面展开论述与探索，以期实现师徒传承活动中手工技艺信息的高效优质传播。

第一节　减少手工技艺信息传播过程中的“噪声”

手工技艺信息的传播活动不是在封闭的真空环境中进行的，它不可避免地会在传播过程中遇到很多干扰与障碍，这些干扰与障碍就是传播“噪声”。“噪声”原是物理学的专有名词，是指“发声体做无规则振动时发出的声音”[①]。1949年，美国著名信息学家C.香农和W.韦弗将“噪声”概念引入传播学（图4-1），指“在传播活动进行的全过程中所出现的各种干扰因素的总概括，那些附加于有用信息之上的，以及阻塞有用信息通过的障碍，都会直接对信息传播构成干扰，均可被称形象地称为噪声”[②]。也就是说，手工技艺信息传播活动中影响或阻碍信息传播的不利因素都是噪声，它“不是信源有意传送而附加在信号上的任何东西”[③]，易于造成信息的衰减与失真。所以，要想保持技艺信息传播的高效优质和取得理想的传播效果，就必须减少信息传播过程中的各种“噪声”与不利因素。手工技艺信息传播活动中的“噪声”主要包括传受双方（师父与徒弟）的传授与接收的意愿和能力所带来的主观噪声，以及身体媒介“在场传播”和“不在场传播”带来的客观噪声，本书在提高手工技艺信息传播效果的基础上也借鉴这两个方面展开思考。

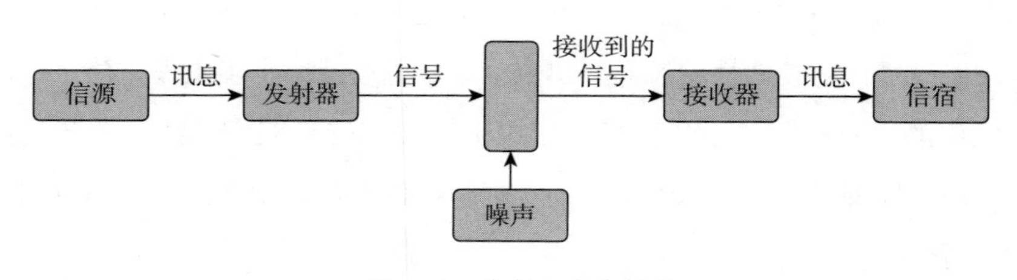

图4-1　香农-韦弗模式

一、增强传受双方的主观意愿与能力

人是传播活动中的主体，是传播活动中最活跃、最积极的因素。传受

---

① 张庆、张立浩编：《物理性污染控制实验》，冶金工业出版社2020年版，第1页。

② 张迈曾：《传播学引论》（修订版），西安交通大学出版社2019年版，第40页。

③ [美]沃纳·赛佛林，小詹姆斯·坦卡德：《传播理论：起源、方法与应用》（第四版），郭镇之、孟颖等译，华夏出版社2000年版，第51页。

双方，即传播者与受传者，具体是指手工技艺信息传播活动中的师父与徒弟。双方在传播活动中的地位、意愿、能力等可以直接促进或阻碍传播活动的开展。所以，带有生命力与活态性的传受双方制造出来的“噪声”成为传播活动的首要关注对象。

在师徒传承实践中经常会出现师父传授意愿不强或不愿意倾囊相授的现象。例如师父不愿传授给徒弟核心技艺，凡事“留一手”，为了防止徒弟窥探，躲藏起来制作等；有些徒弟也没有强烈的学习意愿，面对浮华世界心态浮躁，三心二意，这些都影响到了技艺传承效果。有些师父即使有传授意愿，甚至是希望找到令自己满意的接班人，但是限于自身能力等问题，传授效果也不尽如人意。这些都成为影响技艺信息传播效果的“噪声”。

（一）增强传受双方的主观意愿

传授与接收意愿，即师父传授技艺信息与徒弟接收技艺信息的意愿。手工技艺是一种为了满足人们社会生产和生活的需要，在劳作实践中逐步产生与积累的专门性知识和技能形式。它是推动社会发展的重要生产力，也是手工艺人们维持生存的重要手段，可以满足他们的生存动机与需要，提供具有实用性功能的物质利益与生活保障。师父传授技艺一定程度上就是在传播与分享自己的生存技能，这不仅关系到徒弟的利益，也关涉师父未来生存与发展的切身利益，即所谓“教会徒弟，饿死师父”，这成为制约与影响师父传授意愿的最主要原因。所以，师父的传授意愿是否强烈成为手工技艺信息传播活动中的有利因素或传播“噪声”，对传播效果起着重要的推动或阻碍作用。如果师父不愿意收徒传技，这种意愿形成的“噪声”将直接阻碍传播活动的开始，技艺信息则无从传播；即使师父愿意收徒，但师父受“不情愿”心理的影响，技艺信息也无法尽授，特别是核心技艺中存在着许多经验性的、个性化的技巧与诀窍，倘若师父的指点仅仅浮于表面，传播效果自然不尽如人意；只有师父真心实意地收徒授技，传播“噪声”才能被有效消弱，才能达到较理想的传播效果。

这种主观性“噪声”不只出现在师父身上，也体现在徒弟身上。作为受传者的徒弟接收技艺信息的意愿是否强烈也直接关涉传播效果。徒弟的接收意愿与自身需求密切相关，一定意义上可以说人类的社会活动是为了满足人的某种需求而产生的。“正是受众的那些尚未满足的、具体的特定的需要，规定了具体的、特定的接受活动。”[①] 没有受传者接收信息的需求，就不会有信息传播与接收活动。对于学习手工技艺，不同的徒弟有着不同的动机与需求，相应地也会生成不同的接收意愿，产生不同的传播效果。有些人是为了生计的物质需求，有些人是为了兴趣与休闲，满足精神的需求，有些人是为了满足社会尊重的需求，不同的需求使受传者对手工技艺的喜爱程度与接收意愿产生差异性。这是把技艺信息作为整体性的一门手艺来看待的结果与呈现。另外，具体到手工技艺个体信息的传播效果也与受传者的接收意愿密切相连。在手工技艺信息传播活动中，受传者虽然处于被动者的地位，但是作为有主观意识的个体，他对手工技艺信息的接收也是能动性地根据自己的兴趣、动机和知识经验有选择性地注意、理解与记忆。所以，每一个受传者接收意愿的不同，里面所隐藏的“噪声”的比重大小就不一样，面对师父所发送的相同的技艺信息，他们吸纳信息的“量”和“质”就会出现差异性，直接或间接地影响着传播效果。

总之，师父与徒弟的主观意愿可以成为促进传播活动顺利开展的有利因素，也可以成为阻碍传播活动的“噪声”，关键是看如何激发起他们积极的主观意愿。噪声不可能消失殆尽，但可以在传播活动的各个环节中有效地降低。例如，传播活动开始之前的择师选徒环节就至关重要。最理想的状态是：师徒关系在传受双方自主选择的基础上建立。对于师父来说，

---

① 邵培仁：《传播学》，高等教育出版社2000年版，第208页。

在有授徒意愿或需求的前提下挑选品德、资质、性格等方面符合自己要求的弟子传道授业，或者在众徒弟中选择得意门生传授衣钵。“有统计调查显示，师傅在收徒弟的过程中，大部分都选择了与自己个性相同的徒弟。我们可以看出，师徒关系由于其业缘与性格上的亲近，所以能更大限度地产生情感共鸣。”[①] 对于徒弟而言，要根据自己的动机与需要选择适宜的技艺门类与师父拜师学艺。人是情感的动物，在师徒朝夕相处的时间中，他们的感情也在不断地增进与加持。如果徒弟品行端正、勤劳好学，师父又怎会忍心浪费好苗子。师父也在寻觅适宜的传承人，希望把自己的技艺风格发扬光大。另外，提高师父在专业权威、人格魅力、情感依赖等方面的“信源可信性”，洞察与满足徒弟的学艺动机与需求，都可以有效地稳定与加固徒弟的学艺信心，增强徒弟学艺的主观意愿。主观意愿之所以无法做到精确的科学性分析与理性对待，就在于它因人的情感因素有着感性的活态变化与发展，因此要具体问题具体分析，具体师徒具体分析。

（二）强化传受双方的身体能力

传授与接收信息的能力，即手工技艺信息传播者（师父）的传授能力与受传者（徒弟）的接收能力。有传受意愿，无传受能力；或者有传受能力，无传受意愿，传播活动都无法取得良好的传播效果。传受能力是实现传播者与受传者的主观传受意愿所应具备的身体动作能力与思维能力。能力水平高的师父总是能把复杂纷乱的技艺信息转换为适宜的符号，如肢体动作、语言、图画等进行信息传递，有效地控制信息的质量与流量，使徒弟能形象地感知与理解师父传达的技艺信息内容。编码与传递能力水平较低的师父则无法找到最适宜的传播媒介与符号代码进行有效的传播，“传

---

① 章友德、吴鹏森主编，《仰望星空：上海政法学院社会管理学院大学生论文集》，安徽师范大学出版社2012年版，第131页。

播者的意义并不总是能够得到正确的传达，通过编码而形成的符号系统未必能完全代表传播者的本意。我们常常会为自己不能准确完整地表达自己的想法而感到苦恼，这说明我们发出的符号有时并没有正确传达我们的本意”[①]。师父对信息编码的含混不清影响着徒弟的信息接收与理解，制约着传播效果。徒弟亦然，能否准确而有效地接收与译码信息，和徒弟个人的身体能力与思维能力密切相关。

手工技艺是一种以身体为载体的、通过身体的连续性动作展现出来的信息形式，身体既是技艺信息的发送主体，也是储存主体和传播媒介。对于师父与徒弟来说是否拥有或具备发送与接收信息的身体条件与动作能力就显得尤为重要。如果传受双方不具备从事某项手工技艺所必需的身体条件，如双手残缺，将无法完成或难以完成信息的传播与接收。当然只要不是关键性身体部位有损伤的身体，也是可以从事手工技艺操作的，如现有大量残疾人学习手工技艺以谋生。本书中所指有关键性部位损伤与缺失的身体，是指师父无法对其进行“动作示范”与“手把手”教授等以身体为媒介进行的信息传播活动。如若只靠师父的声音语言进行指导与信息传播，无异于隔靴搔痒，有悖于手工技艺的身体性与实践性的特征，传播效果自然逊色。

徒弟更是如此，如若缺失学习手工技艺必需的身体条件，将不易于接收以身体为载体的技艺信息，也无法将技艺信息转化到自己身体上成为一种身体技能，并通过身体动作的形式展现出来。所以，师徒双方的身体条件与动作能力是影响技艺信息有效传递与接收的重要因素，如果不具备身体条件，就会形成不可回避或不可调解的传播阻碍，直接影响传播活动的开展，并制约最终的传播效果。

为了更有效地传播与接收信息，传播者与受传者的思维能力也一直贯

---

① 李凌凌主编:《传播学概论》(第2版)，郑州大学出版社2014年版，第47页。

穿于信息传播过程中。思维是通过大脑的分析、判断、理解、综合、概括等一系列过程，对感性材料进行加工并转化为理性认识来反映事物本质与规律的一种解决问题的方式。[①] 思维没有实体，它看不见、摸不着，来无影，去无踪，非常神秘却起着重要的作用。它参与、支配着一切智力活动。思维能力包括分析力、判断力、理解力、综合力等，思维能力水平的高低决定着一个人的聪明智慧与学习能力。例如，师父的“把关人”能力，就是思维能力的一种表现，师父需要根据徒弟的需求对承载于身体上的技艺信息进行筛选、过滤和加工，以达到有针对性地去粗取精的目的。在这个过程中师父运用了思维的判断力、分析力、概括力等多种能力，大脑一直处于思考和琢磨的思维过程中。同样，徒弟在接收技艺信息时，思维能力与感知、实践活动也处于密切联系与合作中。感觉器官感知外部信息时，不是简单地“看”或“听”，而是伴随着思维活动的有选择性的分析性感知。在受传者模仿和反复练习的实践活动中，思维也如影随形地相伴左右，动作和思维相辅相成。

师徒双方的身体能力与思维能力的高低水平成为衡量他们传播与接收信息效果的重要标准，如果双方的传播与接收能力较强，就会促进传播活动的顺利进行，成为推动传播效果的有利因素；如果能力较弱，就会成为制约传播活动与传播效果的阻碍。如何降低因信息传授与接收能力不强而造成的阻力？

对于师父来说，首先，需提高自身的收集与生产信息的能力，既需要承接与消化前辈们的技艺经验与总结，又需要在实践中不断地学习与进步，使自身成为优质技艺信息的信源，以及传播者与储存者；其次，需提高信息“把关人”能力，不仅需要明晰与确定所筛选与把关的核心技艺，

---

① 参见吕丽、流海平、顾永静主编:《创新思维：原理、技法、实训》(第2版)，北京理工大学出版社2017年版，第63页。

使其不至于流失，而且还需对受传者有充分的认知与了解；最后，需提高信息编码能力与选择传播媒介的能力。选择自身最擅长与最适宜手工技艺信息传递的编码形式与传播媒介，并加以有效利用，这既是师父综合能力的体现，也是师父不可推卸的责任。通过上述能力的提高可以提升师父的权威性与可信性，师父的权威性主要表现在专业技能层面，这也足见提高师父的专业能力与学识水平对手工技艺师徒传承的重要性。

对于徒弟来说，首先，需提高身体的感知能力。除具备基本的从事手工技艺的身体条件外，还需锻炼以视觉为基础，听觉、触觉等为辅助的感知能力，使其能够敏锐地捕捉与接收到技艺信息。其次，需提高思维能力。有些徒弟只是机械性地重复练习与操作，像一个没有灵魂的制作工具一样，不去思考、反思与琢磨，缺乏自我传播的信息内反馈，做不到对技艺的举一反三与融会贯通，致使技艺难以突破“瓶颈”达到“质变”的优良效果。最后，需提高实践能力。提高实践能力的方法无他，唯有勤能补拙，勤加练习与操作。在实践活动中提高自己的身体运作能力和动作的熟练度，使技艺信息稳定和牢固地转化并承载于身体上。因此，徒弟在实践活动中应该多思考，使思维活动与实践活动相互作用与贯通，从而提高徒弟接收信息的能力。

二、扬弃“在场传播”与“不在场传播”之利弊

在手工技艺师徒传承实践中，以身体媒介为主的面对面式的“在场传播”（又称为“示现的媒介系统”）是最基本的传承方式，同时也存在着脱离身体（去身体媒介）的“不在场传播”，不同的传播方式所产生的“噪声”比重是不同的。本节主要针对“在场传播”与“不在场传播”中影响手工技艺信息传播的有利因素与阻碍因素进行归纳与分析，希冀为提高传承效果提出相关改进建议。

（一）发挥身体“在场传播”的优势

在手工技艺信息传播活动中，有一种耳熟能详的传承方式叫“言传身教”，顾名思义就是以声音语言和身体动作为主要媒介的传播方式。语言和动作都以身体为实质性载体，并且传受双方的身体都必须出现在现场，这种方式称为身体在场传播。“在场”，即行为主体在一个特定地域内的活动，空间和地点是相联系的。[①]“缺场”是空间与地点分离，整个传播行为远离了行为发出双方面对面的互动情景。[②]这些言论强调了“在场”的两个基本内涵，即“在”与“场”，分别代表了“在场”的两个维度——身体之维和空间之维。

其一，“在”是指作为行为主体的师父与徒弟的身体必须在场，如果手工技艺信息传播活动中没有师父和徒弟的主体性存在，那么也就无所谓在场与否了。能证明传播主体在场且可以被视觉感知的物质实体就是人的身体，它是“我们可以直接感受和拥有的东西，是最真实的存在形式”[③]。身体是人存在于世界上的物质载体，也是沟通人与世界的媒介。任何的传播活动都要经由身体这个界面输入与输出。同时，人的身体不仅限于“肉体”的现实物质存在，还包括心智思维的存在。所以，身体在场的“身体”是指人的肉体与心智交互与相通的身体，它们相互配合共同参与到信息的传播活动中。

这种以身体为媒介的在场传播方式带给手工技艺信息传播积极有效的作用。首先，它带给手工技艺信息传播的师父与徒弟直观对象的最佳方式。师徒双方可以通过身体的视觉、听觉、触觉等感官系统对在场的对象与现象进行感知，获得最直接的感官把握与了解，身体获得最直接的刺激与反应。其次，师徒双方可以做出最直接的信息反馈。手工技艺信息传播

---

① 参见[英]安东尼·吉登斯《现代性的后果》，田禾译，译林出版社2000年版，第16页。
② 参见[英]安东尼·吉登斯《现代性的后果》，田禾译，译林出版社2000年版，第16页。
③ 彭锋：《重回在场——兼论哲学作为一种生活方式》，《学术月刊》2006年第12期。

的师徒双方在面对面交流和沟通的情境下，信息的传播呈双向交流方式，信息反馈及时与直接，有助于提高信息传播效率。所以，身体的“在场”是师父言传身教的前提条件，或者说“言传身教”就是以身体为媒介的特定时空内的在场传播方式。

其二，“场”是指手工技艺信息传播活动发生的特定空间，即空间之维。这个空间是在场的师父与徒弟的感觉与能力所能影响与波及的范围之内的空间。空间同步，才能形成影响传播效果的物理与人文环境，形成传播场域。“场域并非单指物理环境而言，也包括他人的行为以及与此相连的许多因素”[①]所形成的人文环境。手工技艺信息传播活动的场域是指师父传授和徒弟承接所赖以存在的物质基础和人文条件所营造出来的特定空间，如手工艺作坊、工作室等，是师徒双方传授、学习、生产及相互交流的场所。在这个特定空间内，传受双方同时同地进行信息交流与沟通，将在场的人和事物都卷入这个情境中，隔绝不在场的人与事，形成相对独立的传播空间。因此，产生出手工技艺信息传播的排他性特质，塑造出“一种具有全新意义的人际关系、情感体验和仪式氛围”[②]。师父与徒弟朝夕相处，形成异常亲密的情感关系，徒弟在心领神会与耳濡目染中接收信息，这种传播情境与人文关系有利于促进与保持信息传播的原真性与有效性，传播过程中的阻力相对较少。因此，身体“在场传播”是手工技艺信息理想而有效的传播方式，应该保持与维护其传播优势，为技艺信息能够准确而高效的传播提供前提条件。

（二）规避身体“不在场传播”的阻碍

手工技艺信息的“不在场传播”主要是指师父与徒弟的身体不在传承

① 宋爽:《文化建设中的语境、场域》，吉林人民出版社2017年版，第92页。

② 何明主编，李志农、洪颖副主编:《西南边疆民族研究》（第9辑），云南大学出版社2011年版，第145页。

活动发生的特定空间内或身体隐退，师父的声音语言与肢体动作无法面对面地对徒弟产生直接作用力，徒弟也无法直接感受到师父的信息指导而做出应对与反馈，是一种师徒双方不发生身体接触与联系的信息传播方式。“不在场传播”的形式多样化且各具特色，主要包括以实物、书籍、多媒体设备等为媒介物的传播方式。实物媒介具有视觉直观特性，其呈现于徒弟面前，提供的是具体、可感与丰富的手工技艺信息。徒弟在接收信息过程中通过视觉、触觉等感官系统可以直接感知技艺信息的外在呈现状态，然后进一步理解和思考其中所蕴藏与传达的隐性技艺信息。但是它提供的是静止的已物化的技艺信息，仍需要徒弟展开联想与推理等思维活动，把信息还原为技艺操作过程中的动态信息，在信息转换过程中容易产生解读障碍的传播“噪声”；书籍是文字的物质载体，文字是人类特有的一种抽象符号，而现实中的手工技艺实操是具体的动态活动，抽象的文字符号与现实活动之间有着一定的理解距离。徒弟在接收文字信息时主要通过阅读的方式作用于大脑，再通过复杂的思维活动来还原现实场景与动作。师父与徒弟之间多了纸质媒介物，在信息解读过程中更容易产生歧义和误解；多媒体影像是运用现代高科技手段与设备的电子光盘、网络视频、电视节目为载体的传播方式。它广泛运用声音、图像、文字等符号进行“不在场传播”。它打破了时空的界限，具有永恒性与持久性，徒弟可以自主选择时间反复观看和学习，灵活性较大。但是受限于身体“不在场传播”的局限性与不足，它仅可以作为身体在场传播的一种辅助与补充。综上几种“去身体媒介”的不在场传播方式，总结其传播特点与阻碍因素主要有以下几个方面。

首先，传播层次越多，阻碍因素越多。不在场传播与在场传播的“言传身教”相比，师父与徒弟的身体之间增加了纸质、多媒体设备等媒介物，增加了传受双方之间的信息传播层次，在传播过程中信息更容易发生损耗与变形。“一个信息在传播过程中经历环节越多，信息的畸变和损耗越严重。”[①] 在各个传播环节之间的交际处都存在着信息的转换，需要受传者的解读与译码实现，传播环节与层次越多越容易产生理解上的偏差与误解。其次，传受双方越远离彼此，“噪声”越容易侵入。“不在场传播”的初衷是为了解放人类身体的在场性，突破生理局限，扩大传播范围和提高时效性。但这种传受双方不在现场、无身体接触与联系的信息传播活动，使他们无法充分利用特定技艺信息传播空间内的人、事、物所形成的有利磁场与作用力，如原料、技术、工具等，去帮助他们更好地去还原与理解技艺信息与对方信息，也使师徒双方无法获得直观的现场交流与即时性反馈，增加了手工技艺信息在传播中的障碍与被“噪声”侵入的概率。

“在场传播”与“不在场传播”的核心词是“场”，所以，两种传播方式都受到“场”的制约与影响，即环境噪声。环境既包括物理环境也包括人文环境，既包括社会大环境，也包括作坊小空间，这在下一节中会重点论述。“在场传播”因为其物理空间性与现场性，所以它既受到宏观环境，也受到微观环境的影响与制约。“不在场传播”因无现场空间，故受到社会宏观环境的影响更凸显一些。例如，社会对手工技艺的价值认同与舆论环境会造成手工技艺的传播噪声。20 世纪 90 年代，由于政府重视大工业生产体系，忽略了手工艺的自身价值，所以手工艺被认为是衰落的、腐朽的、没用的东西，手工艺人的社会地位也不高。这影响到手工技艺的行业发展与传承人的培养，成为制约手工技艺信息传播活动的社会噪声。进入 2010 年后，随着政府“构建中华优秀传统文化传承体系，加强文化遗产保护，振兴传统工艺”，《中国传统工艺振兴计划》等政策与文件的陆续出台，全民掀起“手工艺热”，技艺精湛的手工艺传播者也多被评为“工艺美术大师”“非物质文化遗产传承人”等。随着手工技艺的经济价值、文化价值的不断认可与提高，拜师学艺的人络绎不绝，手工技艺传承活动异常

① 陈伟民、杨波：《大众传播中噪音的产生与控制》，《学术交流》2000 年第 3 期。

兴盛。所以，社会舆论和社会价值认同的客观环境因素，是促进或阻碍手工技艺信息传播活动的主要因素，会直接或间接地影响传播者与受传者的传播与接收的意愿，影响到传播效果。

综上可见，不在场传播产生的“噪声”要明显多于在场传播。身体“不在场传播”隔断了师徒双方生命体之间的身体联系，阻断了双方直接的沟通与及时的反馈，故信息传播效率相对低下。“不在场传播”造成的师徒之间的时空距离破坏了传播场域，朝夕相处、耳濡目染所培养出来的情感关系和人文环境不复存在或者根本就无法产生，他们甚至对彼此的性格兴趣、认知能力、心智思维等都不了解，这一定程度上给信息传播活动的原真性与准确性带来了“噪声”。所以，对于手工技艺师徒传承活动，传受双方只有努力创造条件进行“在场传播”，才能言传身教，口耳相传，发挥出“在场传播”的优势，规避“不在场传播”的阻碍因素与“噪声”侵入，这不失为提高手工技艺传承效果的有效方法。

（三）尝试身体“虚拟在场传播”

随着现代科学技术的进步，手工技艺信息的传播在“在场”与“不在场”之间出现了一种新的方式——身体的虚拟在场。即肉体不在现场，但是它能通过技术媒介“化身”在传播场域中，参与到远程教学与指导的信息传播活动中。固然，以身体媒介为主的面对面式的“在场传播”是最适宜手工技艺特征的传播方式。但是由于各种主观与客观原因，在无法实施的情况下，身体的虚拟在场传播就能起到一定的补充作用。例如，中国工艺美术大师李博生与泰山职业技术学院一直有合作关系，为玉雕专业培养学生。但是由于李博生年逾古稀，受身体等因素影响无法每次都前往泰安授课，所以，他在“在场传播”传授技艺的基础上穿插了网络视频授课的传播方式。李博生在每周一给北京工作室的徒弟授课时，会打开视频直播软件，同时同步地给泰安的徒弟授课。虽然视频两端的传受双方不在同一个传播场域，但是“同时传播”使双方可以实现信息的双向交流、互动与反馈，信息传播相对便利与快捷。特别是对于高龄的师父，不仅免了奔波之苦，也节约了时间、人力等成本。这不失为一个可以继续探索，以备不时之需的虽无奈却有效的举措。当然它在信息传播活动中也存在着因机器设备的操作不便和网络运转不通畅而带来的音质、画面不清等方面的技术噪声。但这种现象与现状促使我们思考，在现代社会我们应该如何面对这些层出不穷的新颖的媒介形式与发展趋势？

笔者认为在当代社会新事物、新媒介、新形式层出不穷的情境下，对于新媒介的应用既要谨慎又要敢于尝试，要在不断尝试、实验、测试与考核的基础上作出价值判断。如何对手工技艺的传播媒介进行筛选、甄别，进而整合与利用，使其最大限度地发挥媒介功能促进手工技艺信息的传播质量，是值得我们一直去探讨和研究的问题。新的传播媒介的出现和运用，并不代表传统传播媒介的过时和落后。它们之间不是取代关系，而是叠加关系。手工技艺信息传播仍然以徒弟与师父面对面的“在场传播”为主要方式，以新媒介、实物、文本等“不在场传播”为辅助方式，充分发挥各种媒介自身的传播优势，有效降低传播“噪声”，加强手工技艺传播媒介的综合性运用，应是提高手工技艺传承效果的可试行方法。

第二节　建构手工技艺传受双方“共通的意义空间”

在手工技艺传承实践中，如果师父和徒弟在生活经验和文化背景上有诸多相同或相似之处，或者身处相同的社会与地域环境，运用着相同的符号语言，他们在技艺传承过程中就能比较顺畅和有效地进行沟通与交流，传承效果良好；如果师徒双方在生活背景和世界认知等方面存在较大差异，他们在沟通过程中就容易产生阻碍因素与理解上的“误会”，信息传播的准确性和有效性就会大打折扣。这种现象主要是由手工技艺师徒双方“共通的意义空间”的大小不同而造成的。

“共通的意义空间”包含两层含义：“一是对传播中所使用的语言、文字等符号含义的共通的理解；二是大体一致或接近的生活经验和文化背景。”① 手工技艺信息传播活动中的传受双方的“共通的意义空间”如图4-2所示：A代表师父的意义空间，B代表徒弟的意义空间，AB就是双方“共通的意义空间”，师徒双方信息的传递与反馈主要依靠AB空间来实现意义的交换。拥有“共通的意义空间”是手工技艺信息传播活动能够开展的前提，如果没有“共通的意义空间”，传受双方也会有社会互动，但产生的多是“误会”或传播“噪声”。传受双方“共通的意义空间”越大，徒弟越能充分理解和接收师父传递来的手工技艺信息，信息传递中的“误会”越少，信息传递的准确性与有效性越强，传播效果越理想。传受双方共通的意义空间不是一成不变的，它会随着交流与理解的深入而逐渐扩大。所以，如何建构与扩大师徒双方“共通的意义空间”就显得非常重要和必要。笔者认为可以从以下三方面展开思考，即改善手工技艺的传播环境、强化传受双方的“同体观”效应和运用符号化认知手段。

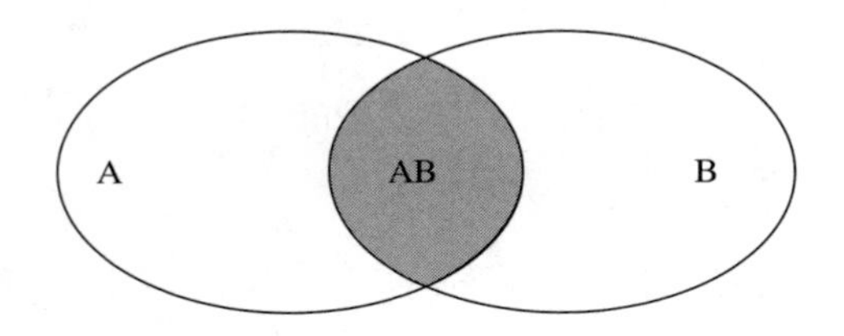

图4-2　传播双方的意义空间

① 郭庆光:《传播学教程》(第二版)，中国人民大学出版社2011年版，第44页。

一、改善手工技艺的传播环境

著名的雅各布森模式[①]（图 4-3）认为信息发出与信息接收不是在真空中进行的活动，它受到“上下文”的影响。“上下文”就是进行传播活动的环境。信息能否有效、准确地传递，能否收到良好的传播效果，与是否具有良性互动的传播环境密切相关。在手工技艺传承活动中如果具有健康的、良性互动的传播环境将有助于传受双方的沟通与交流，有利于建构传受双方“共通的意义空间”，保障技艺信息准确与有效地传递，提高手工技艺的传承效率。反之，不良的传播环境会产生出大量的“噪声”，歪曲与阻碍信息的有效、准确性传播。

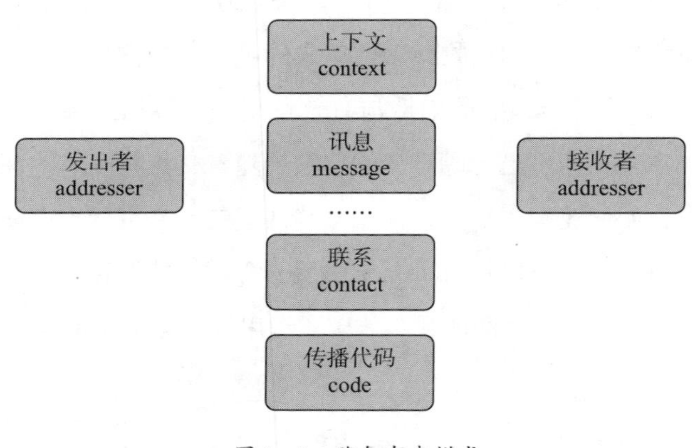

图 4-3　雅各布森模式

所以，环境对于手工技艺传承活动有着非常重要的影响。环境是个无所不在的“磁场”，无人能避免其影响。人在根据自己的需要创造环境的同时，环境也在根据其自身特质塑造着人。手工技艺传承活动在一定的环

① 俄国著名的语言学家和符号学家罗曼·雅各布森（Roman Jakobson，1896—1982）提出的语言交际理论也适用于一般的传播过程，在传播学上被称为“雅各布森模式”。

境中进行，环境又影响着技艺传承活动，环境与传播主体、传播活动之间的关系密切又复杂。因此，“环境对传播活动的影响可能与传播目的一致，也可能相矛盾；它对传播者和受众的影响可能是积极的、正面的，也可能是消极的、负面的……总之，对环境的影响性一定要十分重视，并予以科学优化和合理控制”①。对于手工技艺师徒传承活动来说，正确认识和理解与其相关的环境因素的种类、特征、准则，以及营造与维护有利于提高传承效果的环境至关重要。影响手工技艺师徒传承活动的环境因素非常多元化，根据不同的标准可划分为不同的类别。本书主要从手工技艺师徒传承的物质环境（硬环境）和人文环境（软环境）两方面进行探讨。一个是静态、可视的物质环境所塑造出来的传承空间，另一个是软实力的人文环境所形成的规约。营造、尊重与融入良好的环境对传受双方“共通的意义空间”的建构，以及手工技艺师徒传承活动的效果改进都有着重要作用。

（一）建设适宜的物质环境

物质环境也称为硬环境，是指“由传播活动所需要的那些物质条件、有形条件之和构筑而成的环境”②。它区别于非物质条件构成的人文环境，是一种由物质实体构筑而成的静态性的存在。手工技艺传承活动中的物质环境主要包括地域环境和工作环境。二者的侧重点不同，地域环境主要是指传承活动中宏观上的外部物质环境，侧重于自然环境；工作环境主要是指微观上的内部空间和场所，侧重于人工环境。它们都具有独立于主体意识之外的静态性、实体性的存在特征。

1. 维护适宜的地域环境

地域环境是人类赖以生存与生活的物质基础和活动空间，诸如地理位

---

① 邵培仁：《传播学》，高等教育出版社2000年版，第237页。

② 邵培仁：《传播学》，高等教育出版社2000年版，第238页。

置、地貌、自然资源等。手工技艺作为人的一种有意识的、能动性的创造性活动，无法摆脱地理环境的制约与影响，手工技艺与地域环境密切相连。先秦时期我国最早的手工业技术文献《考工记》中提到的造物原则“天有时，地有气，材有美，工有巧，合此四者，然后可以为良”①。其中的“地气”阐述的就是手工技艺与地域环境的密切关系，它是先于人文因素的关注对象。作为以人为传播主体的手工技艺师徒传承活动，地域环境中的诸多物质基础与条件都或多或少地直接或间接地制约和影响着技艺信息以及信息传播的过程和效果。

首先，地域环境对手工技艺信息的质量、数量和特色有着重要的影响与制约作用。在传播学理论中“媒介离信源的距离越远，其可靠性越低，数量越小；相反，则质高量大。因为，近距离的新闻易采集、易核实”②。这里的信源是指新闻信息的发生地，传播活动越接近信息的发生现场，信息的采集与传播效果越理想。手工技艺信息传播活动同样如此，越接近手工技艺的生成地，手工技艺的制作与传播效果越优良，这也是手工技艺的本质发展规律与核心技艺。此处的信源，是指由地貌、自然资源、植被等地域环境因素限制下的某类具体手工艺的源发地。手工艺的种类多种多样，即使是同一种类的手工艺信息因地理环境的不同，也会产生出各具风格的艺术特色，即“不同地理环境下所产生的信息亦各有特色”③。例如北京玉雕的威严大气、端庄秀丽，苏州玉雕的精致细腻、工艺精巧；潍坊杨家埠年画的线条粗犷、风格淳朴，苏州桃花坞年画的刻线工秀，色彩绚丽。手工技艺特色的形成与地貌、自然资源、地理位置、植被等环境因素密切相关。

以“吴越之剑”的经典——龙泉宝剑为例。“春秋时期龙泉为越国古

① 闻人军译注：《考工记译注》，上海古籍出版社2008年版，第4页。

② 邵培仁：《传播学》，高等教育出版社2000年版，第241页。

③ 邵培仁：《传播学》，高等教育出版社2000年版，第241页。

瓯地，在瓯江上游，与越地山水相依，地气相连，有着得天独厚的铸剑自然条件。山溪中蕴藏着含铁量极高的铁砂，是古时铸铁剑的上好材料，被称为‘铁英’（图 4-4），而茂盛的森林资源，是铸剑所需的优质燃料。龙泉气候温和，雨量充沛。秦溪山下的北斗状七井，水质特异，甘寒清冽，用来淬剑非常适宜。都说宝剑锋从磨砺出，龙泉山石坑特产一种名为‘亮石’的上好磨石，用来砥砺刀剑，锋刃锐利，寒光逼人。”[①] 可见，不同的地理环境，使各地的矿物质成分，甚至是水中的微量元素都不一样，这造就了龙泉宝剑的原料特色，形成了“金属制品的组织结构和热处理质量的差异”[②]，构成了龙泉宝剑品质精良的内在原因。但是，运用相同的原料和工艺在其他地方生产，则不一定取得成功。因为它还涉及铸剑的燃料（图 4-5）、淬剑的水和磨剑的石等当地物质因素，这些都是地域环境提供的特定物质基础与条件。不仅是生产，手工技艺传授活动也是如此。

图 4－4　淘取龙泉溪水中的铁英砂

① 吴锦荣主编：《龙泉宝剑锻制技艺》，浙江摄影出版社 2008 年版，第 16－17 页。
② 吴锦荣主编：《龙泉宝剑锻制技艺》，浙江摄影出版社 2008 年版，第 16 页。

图 4－5　龙泉宝剑锻造技艺

其次，地域环境对手工技艺传授活动也有着重要的影响与制约作用。师父在向徒弟传播龙泉宝剑的相关技艺信息时，如果双方在地域环境的现场，师父就地讲解、示范、制作与生产，信息内容与信息特色会阐释得更加清晰，信息编码和信息传播效果会更加鲜明。徒弟的信息译码与理解就更加容易，信息的反馈能及时得到实地验证，这有利于增强师徒双方的信息传播效果。所以，从某种意义上来说，手工技艺信息传播活动距离地域环境的现场或信源越近，手工技艺信息的质量、数量及特色保持得就越优质与鲜明，在信息传播过程中的传播“噪声”就越小，越能有效保持信息的原真性与准确性，传播效果相对就越理想；反之亦然，越远离手工技艺地理环境的操作现场或信源，传播“噪声”就越大，信息的保真度就越低，技艺信息的传播效果相对越不理想。

2. 打造适宜的工作环境

手工技艺师徒传承活动的工作环境是指师父传授和徒弟承接所赖以存在的由物质实体和物质条件营造出来的物理空间，它是一种静态的、具体的物质存在形式。一般指手工艺作坊、工作室、厂房等，是由各种物质要素构成的传授、学习、生产及相互交流的物理场所。工作环境包括自然要素和社会要素，自然要素包括工作环境的采光、噪声、温度与湿度等。社会要素包括工作环境内的空间布局、仪器与设施等。这些构成要素整合为一个磁场直接或间接地影响师徒传承活动，对师徒双方的生理和心理，认知和行为发挥着作用，最终影响着传承质量和传承效率。

手工技艺师徒传承活动中的工作环境具体包括哪些因素，又有何作用？我们以玉器行业的工作空间为例。传统玉器作坊并不是大多数人认为的那样混乱、嘈杂和污秽，每位玉工都有一个单独的操作台，在有限的空间内井然有序地排列着（图 4-6、图 4-7），空间显得整齐而清冷。整洁有序的环境比之脏乱不堪的环境更能使人心中澄静、专注平和，安心地做活儿。反之，就会分散师父与徒弟的注意力，使人心情烦躁。操作台一般干净而整洁，操作台上的仪器、工具基本都整齐码放。这是因为师父非常注重徒弟对工具的操作、管理和爱护情况，他们往往从这些方面悄悄地观察和考核徒弟，按师父的话说就是“看一眼工具就知道一个人什么成色了”，不只是玉作，很多手工艺行当中都有这种共识。另外，对于玉器作坊来说最大的自然因素就是声音了，因玉石的硬度较高，所以在琢玉时会发出“唰唰唰”的声音。这既形成了这个工作空间的噪声，同时又是师徒相授活动的物理空间中至关重要的一部分。“走进作坊，没有嘈杂的声音，只有砂子、砣具、玉料相互摩擦时发出的清

图 4-6　北京市玉器厂原生产车间

图 4-7　北京市玉器厂现生产车间

晰而富有节奏的声响‘唰唰唰’不同的工具发出的声音不一样，但是全部都是有节奏的。偶尔家伙使得不当，了作的[①]不用看，来回一走，远远地听见就会说‘你这家伙使得不规矩啊！’先生们和学徒们只要在凳上操作，全都屏气凝神，身边的人和事就全忘了。”[②]这里的声音成为师父判断徒弟技艺练习情况和态度的风向标，而且这里的声音不是嘈杂的、喧嚣的、乱人心神的杂音，而是和制玉相伴而来的带有规律性、节奏性的和声。诸多物质条件与要素营造出来的制玉的工作环境，形成一种庄严、沉静而和谐的氛围。师徒双方进入这个空间，就会自觉或不自觉地、有意识或无意识地受空间因素的影响和规约，收敛自己的言语和行为，久而久之，这种意识就转化为一种对自身行为的规范和暗示。

所以，手工技艺师徒传承的工作环境对传受双方和传承活动有着非常重要的规范和制约、推进或阻碍的作用，我们应该去维护、尊重契合手工技艺特色的工作环境，尊重师徒传承的“共通的意义空间”，并科学地选择、营建和运用这种适宜的工作环境为手工技艺传承活动服务。

（二）营造良好的人文环境

人文环境也称为精神环境、软环境，传播活动中的人文环境“是指由传播活动所需要的那些非物质条件、无形条件之和构筑而成的环境”[③]。它是一种由抽象的、意义性的精神内容如社会制度、伦理道德、风俗习惯等组成的非物质环境，对传播活动的作用力也是非自觉的，具有渗透性、缓慢性以及不易量化的特点。手工技艺是一种以人的身体为载体的信息，对

---

① “了作的”负责统管整个玉作坊方方面面的协调运作，包括承接来料加工、选料、设计画样、量料选工、因工选料，以及监督整个作坊规章制度的执行与管理。转引自苏欣《京都玉作》，博士学位论文，中央美术学院，2009年，第53页。

② 苏欣:《京都玉作》，博士学位论文，中央美术学院，2009年，第58页。

③ 邵培仁:《传播学》，高等教育出版社2000年版，第238页。

人有很强的依附性，所以，人文环境对手工技艺信息的传播活动主要是通过人的因素发挥作用，“通过习惯和潜意识来实现”[①]。传播主体在特定的人文环境中会潜移默化地形成具有一定惯性的潜意识，对手工技艺信息的传播活动发挥重要作用。因此，积极、适宜、良好的人文环境对传播主体特别是受传者（徒弟）的正确价值观、人生观的建立具有重要的熏陶和引导作用，它有助于徒弟形成正确的思想观念与行为认知，端正对待手工技艺与师父的态度，促进手工技艺师徒传承活动的积极与有效进行。

1. 社会层面的人文环境

手工技艺信息传播活动中的人文环境，可以划分为宏观层面上的社会人文环境与微观层面上工作空间内的人文语境。它们的营造与维护都对手工技艺信息传播活动中的人和事产生着直接或间接的影响。社会的释义多种多样。严复翻译英国社会学家斯宾塞[②]的言论总结为“社会者，有法之群也”[③]。所谓“‘偶合之众虽多，不为社会’。也就是说，社会并不是一群人的简单聚合，而是其中有一定的联系纽带，这个联系纽带就是‘法’，即一定的社会规则”[④]。不同的社会环境下有着不同的社会规则以及人与人之间的生产关系和社会关系。所以，社会是由一定的规则营造出来的人与人之间关系构成的，它是人际交互的产物。手工技艺师徒传承活动中的社会人文环境由社会规则和社会关系织成一张无形的网，网住技艺传承活动中的师徒双方，营造出逃脱不开又无所不在的社会氛围，有形或无形间规约着社会中的人和事，影响着手工技艺的社会价值、手工技艺传承人的地

① ［美］拉里·A. 萨默瓦、理查德·E. 波特：《跨文化传播》（第四版），闵惠泉、王纬、徐培喜等译，中国人民大学出版社2004年版，第35页。

② 赫伯特·斯宾塞（Herbert Spencer，1820—1903），英国哲学家、社会学家、教育家。他被称为“社会达尔文主义之父”，为人所共知的是把进化论应用在社会学上。

③ ［英］赫伯特·斯宾塞：《群学肄言》，严复译，商务印书馆1930年版，第2页。

④ 徐祥运、刘杰编著：《社会学概论》（第5版），东北财经大学出版社2018年版，第44—45页。

位与传承效果。

例如，我国传统社会在以血缘宗法制为主体的社会制度下，文化生态环境相对稳定，这对传受双方和手工技艺师徒传承活动产生了积极的重要影响。传统社会中从事手工技艺生产、制作、传承的手工艺人所在的社会阶层，统称为“百工”。百工阶层聚集生活，集中劳动，相互观摩，相互交流手工技艺。由于社会的“工之子常为工”的等级制度，他们自然而然又把手工技艺传承给自己的子孙，形成手工技艺传承的人文“小社会”环境。“相语以事，相示以功，相陈以巧，相高以知事，旦昔从事于此，以教其子弟，少而习焉，其心安焉，不见异物而迁焉。是故其父兄之教，不肃而成，其子弟之学，不劳而能。夫是，故工之子常为工。”[①] 这段话不仅说明了手工技艺传承的特点，也阐明了“形成手工艺文化的一个社会生态环境问题”。“一个‘少小’开始学习的徒工就是在这样富有家庭人伦氛围的环境中自然成长起来的，这个‘小社会’在大社会中谨慎地维持着它的独立性，技艺的传承范围有很大的局限性。相对封闭的社会环境有利于让学徒‘心安’，心安才能持之以恒。”[②] 传统社会中壁垒森严的等级制度和以宗法制血缘关系建构的伦理社会，构成优质、适宜的手工技艺师徒传承的人文环境，师徒双方沉浸与融合于环境中，建构起双方“共通的意义空间”，对传承活动和传承效果起到了稳定和推动的作用。

另外，人文环境对师徒关系潜意识中的建构也具有一定的作用。李泽厚先生曾指出：“中国古代思想传统最值得注意的重要社会根基，我以为，是氏族宗法血亲传统遗风的强固力量和长期延续。”[③] 师父拥有家长制中仅次于父权的地位与权力，因此在这种人文环境的潜移默化的影响下，师徒的权责、行为在这种没有明文法律规定的意识形态领域被规范着与遵守

① 梁运华校点：《管子》，辽宁教育出版社1997年版，第71页。
② 邱春林：《中国手工艺文化变迁》，中西书局2011年版，第272页。
③ 李泽厚：《中国古代思想史论》，人民出版社1985年版，第299页。

着，形成一种习惯与潜意识的价值共识，发挥着重要的规约作用。

在现代社会，虽然社会政治、经济制度发生变化，血缘宗法制衰落，但宏观社会环境仍然对手工技艺以及技艺传承活动起着重要的作用。这个问题展开论述过于宏大，此处仅一管窥豹，如社会对手工技艺的价值态度与价值判断所营造出来的舆论环境，会影响到手工技艺行业的发展以及手工技艺传承人的社会地位与继承者的学艺态度。所以，政府与社会应加大对手工技艺的重视，并提高民众对手工技艺的普及性认识，“我们还仅仅停留在政府及学术研究的范围，并没有广泛深入到人民的日常生活中”[①]。此外，还需要通过法律、法规、政策的规范与约束力为手工技艺传承保驾护航。我们每一个人都生活在一定的制度环境中。“制度是规定、构成、调整人们的关系、角色及其行为的有明文规定和强制力的社会组织的构成形式。”[②]它具有“明文”可依据的强制规范性与执行性，对于手工技艺师徒传承活动的相关要求与规矩能否纳入到法律层面，通过立法的方式对师徒传承进行详细的规范与保障，做到有法可依，建设出健康的、理想的制度环境。在诸如此类多层面与多方面的努力与保护下所营造出来的良好的社会人文环境，定能使手工技艺传承与行业发展得到应有的重视。

2. 工作空间的人文环境

在微观层面，人文环境体现为作坊、工作室等特定工作空间内关于师徒关系和传授行为的各种规矩、习俗、礼仪、行为准则等形成的人文空间。在这个手工技艺操作与施展的工作空间内，既有主体，又有物和事，以及一些看不见说不清的无形之物或情愫，他们相互渗透与濡染地交融在一起形成一个传承磁场，直接对在场的手工技艺师徒双方以及技艺传授活动产生作用力。这个方寸之地俨然一个袖珍版人文小社会，规矩、要求、

---

① 齐如林、张宪昌:《网络时代非物质文化遗产的传播》,《贵州教育学院学报(社会科学)》2008年第2期。

② 彭和平:《制度学概论》，国家行政学院出版社2015年版，第30页。

礼仪等无明文或有明文的规定面面俱到，无声无形中规范与制约着传承活动中的人与事。

例如，在传统社会，徒弟一般在十三四岁的少年时期就拜师入门，入门后师父就会立下规矩，“不准徒弟们说笑打闹，说话要和气，口不吐污言秽语，说话时不得唾液星四溅或口冒白沫，待人要有礼貌，言谈举止、行动坐卧要有风度，文质彬彬”[①]。甚至在徒弟的投师字据中会明文规定地写清楚。清末光绪年间的一张投师字据中写道：“自拜之后，任师教训。师则教诲谆谆，弟则专心致志。倘有不听师言，任师责罚。”[②]师徒间既是一种人身依附关系，又是唇亡齿寒的关系，徒弟出师后的技艺与品行会直接影响师父的业界声誉。所以，秉持着“艺不轻传”准则的师父对徒弟有着严格的要求与规矩。徒弟入门后的主要工作是侍奉师父及其家人，如端茶倒水、打扫卫生、做饭、遛狗等杂活。“朝学洒扫，应对进退，及供号内杂役，夕学书计，及本业内伎艺。”[③]还要做好师父开工前的准备工作，如玉器行业，徒弟需给师父准备好工具，调整好设备，以及备料、开料等辅助性和技术含量较低的活儿。竹刻行业“当徒入门之初，必先教以用刀，试刻粗货，由师于竹边（南京粗货皆以竹制）画就墨迹，令其照纹雕刻，并须于余时课以粗画，由浅入深，迨至不需墨迹，自能空手刀刻寻常花卉，始能令刻次等精货”[④]。徒弟从技艺的枝端末节循序渐进，经过长期磨炼和经验积累，逐渐掌握一门技艺。在小小的作坊这个物理空间内，有学者认为徒弟陷入了水深火热的阶级压迫之中，过着奴隶式的打杂生活，并不能学到真本领。其实不然，在这个物理空间所营造出来的人文

---

① 这是博古斋缔造者祝晋藩对学徒的要求。陈重远：《老古玩铺》，北京出版社2006年版，第31—32页。

② 彭泽益主编：《中国工商行会史料集》（上册），中华书局1995年版，第529页。

③ 彭泽益主编：《中国工商行会史料集》（上册），中华书局1995年版，第529页。

④ 彭泽益编：《中国近代手工业史资料 1840—1949 》（第3卷），生活·读书·新知三联书店1957年版，第337页。

环境中，技艺信息与技艺信息背后所附含着的工艺精神、规矩范式及人文意义一直在潜移默化地传播着。各种人文规矩与要求所构建而成的无形的人文空间，规范着徒弟做人的规矩与做事的行为准则，其次才谈及技艺的传授。这种无形的非物质因素所构成的精神内容，不仅树立了师徒间的礼法，也使徒弟形成一种价值认同与行为、心理习惯，"形成了一种比制度更为稳固和深刻的心理印记"[①]。这些非物质条件为技艺师徒传承活动的开展奠定了稳固的精神与心理基础，有利于保障手工技艺的传承效果。

现代的手工技艺师徒传承基本专注于单一技艺的传授，技艺传承背后的人文环境与文化意义被抽离之后，失去了传承的内核与强有力的精神支撑，技艺传承也就变成了一个没有灵魂的躯壳，因此出现了一些传承乱象，如徒弟对师父、对手工技艺失去敬畏之心，学艺过程中心态浮躁，不重视规矩也不安心学习等。所以，我们应该重视手工技艺师徒传承的人文环境的营造与维护，当然这并不是说要把传统因素生搬硬套过来，毕竟社会制度已经发生了变化，我们要与时俱进，营建与维护符合当下师徒关系与手工技艺传承特色的人文空间，使手工技艺师徒传承找回部分丢失的人文内核与精神价值。政府与社会应加大对传统文化、传统手工技艺的重视与宣传，提高手工技艺传承人的地位，从而形成良好的手工技艺师徒传承的人文社会氛围。

二、强化传受双方的"同体观"效应

在现代传承实践中师徒关系出现了诸多现象与问题，例如，师父与徒弟的社会身份更加多元化；师徒之间的关系也随之更加微妙，在感情上多处于一种客客气气且不温不火的状态；师父的"信源可信性"与权威性对

① 苏欣:《京都玉作》，博士学位论文，中央美术学院，2009年，第51页。

徒弟起到的作用在弱化等。这些都形成师徒双方在手工技艺传承活动中的阻碍因素，不仅造成徒弟的学艺积极性不高，而且传承效果低下。要改善这种现象，可以从强化师徒双方的“同体观”入手。“同体观”[①]效应是指社会交往中的人们更容易接纳与自己在年龄、职业、籍贯、社会地位等方面有相同或相似之处的人为“自己人”，彼此间更容易获得共鸣、支持与接纳。这就是“自己人”之间具备的“共同规律”[②]，即并非所有人之间都能产生同体观，其产生的前提条件是双方有着某些方面的共性与共识。在手工技艺信息传播活动中，如果师父和徒弟在某些方面有相同或相似之处，师父会在潜意识中把徒弟当作“自己人”，徒弟也会对师父产生信赖与认同。而且师徒双方会随着共性的增多而逐渐强化这种心理，这一定程度上更有利于技艺信息的传播与接收。师徒双方在社会阶层、利益诉求与情感关系等方面都可以形成“同体观”，如果强化这些“同体观”会提高信息传播的准确性与有效性，提高信息传播效果。

（一）拉近社会阶层距离

关于社会阶层的概念释义，不同的学者有着不同的研究观点与成果。本书中“社会阶层”的内涵与外延更倾向于社会学家韦伯[③]的概念，“由于经济、政治、社会等多种原因而形成的，在社会的层次结构中处于不同地位的社会群体称为社会阶层”[④]。即本书并不着重论述政治意识形态或经

---

① “同体观”效应又叫“自己人”效应或“情感共鸣”效应，这个概念出自社会心理学领域，由苏联社会心理学家肖·阿·纳季拉什维利提出，用于解释和解决心理学现象及问题。

② 陈力丹、邵甜甜:《从传播角度看“自己人效应”》,《现代视听》2012年第11期。

③ 马克斯·韦伯（Max Weber，1864—1920），德国著名社会学家、政治学家、经济学家、哲学家，是公认的古典社会学理论和公共行政学最重要的创始人之一，被后世称为“组织理论之父”。

④ 李建勇主编:《社会学》，中国政法大学出版社2005年版，第172页。

济层面上的不平等关系，而是探讨作为群体的社会阶层在外部环境与内部制约下所呈现出来的共性以及与其他群体的差异性，以此产生的对“同体观”效应的推动或抑制作用。正如鲁迅曾经说过的：焦大是不会喜欢林黛玉的！分属于不同社会阶层的两人，由外在物质到内在精神都无法形成“同体观”效应。

师徒双方作为社会成员也依据年龄、受教育程度、家庭出身等社会标准的不同被划分到相应阶层中。现代社会阶层呈现多元化特征，师徒双方不一定隶属于相同的社会阶层。但是如果他们属于相同或相近的阶层，他们更容易建构“同体观”效应。例如，在等级森严、社会生态系统稳定的传统社会关系中，“同体观”更容易形成。在等级制度下，人被分为三六九等，行分三教九流。不同等级表征着权利与义务的多寡不均，每一个等级的物用体系、行为方式都有着严格的等级规范，壁垒森严，不可逾矩。春秋时期的管仲把国民划分为士、农、工、商四民阶层，“四民分业”聚居生产。手工技艺的师父与徒弟隶属于“四民”中的“工”阶层，不管是官营手工业中拥有管理与统辖百工权力的工师，还是作为徒弟的官奴婢、征调服役的工匠都要服从于社会对该阶层的要求与制约，在“小不得僭大，贱不得逾贵”的社会中，他们被禁止为官从政，不能读书进学。相同的社会制度与社会环境的制约，以及相似的社会出身、生活经历、成长背景、文化水平，使他们之间拥有一定的“同体观”，互为“自己人”，产生亲近与偏向心理。甚至徒弟在师父身上能够反射自我、观照自我，看到自己的未来。由外因而产生的内在心理机制、动机、需要、情感等方面的相似性，使他们在信息传播活动中更容易沟通与交流，获得较满意的传承效果。

在现代社会，随着时代的发展，社会政治、经济体制都在发生着变化与改革，社会阶层更加多元化，师徒双方的差异性与不稳定性明显高于传统社会，师徒间的社会阶层问题也变得异常复杂。如何消除或减少师徒间社会阶层上的差异性，很多学者根据传承实践也在孜孜不倦的探索中。例如吕品田提出的把师徒传承纳入国民高等教育体制中[①]，在某种意义上也是解决师徒间社会阶层问题的一种方法。即把身怀绝技的名师、传承人聘任为高等教育体制内的技艺导师，在校招收徒弟，徒弟依从传统师徒传承形式跟随在师父身边学艺，这样徒弟与师父不论是在学校教育层面还是在生产实践层面都被放置于同一交流平台上，长时间的相处与耳濡目染，有利于形成一定的认知共识与情感濡化。一定意义上可以说他们进入到相同或相近的社会群体或社会领域空间内，拉近与平衡了师徒之间的阶层距离。而且徒弟越是少小跟随师父学习或跟随时间越长，越容易缩小彼此间的阶层差距与隔阂，形成“同体观”。此问题有待于根据传承实践进一步探讨与思考。

（二）增强利益诉求共同性

“天下熙熙皆为利来，天下攘攘皆为利往。”利益是“人们受客观规律制约的，为了满足生存和发展而产生的，对于一定对象的各种客观需求”[②]。“利”字在甲骨文中的本义是用刀割庄稼，寓指满足人类基本生存要求的物质生产。“益”字在甲骨文中的本义是水满溢出，寓意富足、盈余。“利”“益”合为一词，表明它是人类为了满足自然本能的生存与生活的物质需求而产生的。可见，“利益”的本义是物质利益，一切人类生存的第一个前提，也就是一切历史的第一个前提，这个前提是：“人们为了能够‘创造历史’，必须能够生活。但是为了生活，首先就需要吃喝住穿以及其

---

① 参见吕品田《以学历教育保障传统工艺传承——谈高等教育体制对“师徒制”教育方式的采行》，《装饰》2016年第12期。

② 张正德、付子堂主编，吴绍琪、施慰然副主编：《法理学》，重庆大学出版社2003年版，第264页。

他一些东西。”[1] 需求是推动人类社会前进的重要动力，是人类利益的最直接的体现。“利益”最初是为了满足人类基本生存需求的物质生产而产生的，后来延伸到政治、经济、文化等不同层面，反映着人们多元化的自我需求和社会需求。马克思说：“利益是指人对周围世界的一定对象的需求和满足，即人们在物质方面和精神方面的需求和满足。”[2]

师父和徒弟在手工技艺传承活动中存在着利益诉求。人是社会性动物，人与人之间有着各种复杂的社会行为与社会关系，生活在社会环境中的人们为了生存与发展都有着自身的利益需求及向他人或社会汲取的利益诉求。师父和徒弟在手工技艺信息传播活动中也不例外。利益诉求是达到“同体观”效应的一个重要因素。只要师徒双方存在着利益诉求，那么他们在共同参与的手工技艺信息传播活动中，在利益需求与利益驱动下就容易形成“同体观”。例如，不管师父是为了经济利益还是为了名誉利益，他们都会把技艺信息传播给下一代，徒弟不管是为了生存的物质利益还是精神需求，也想把技艺信息承接到自己身上。两方的利益诉求虽然具体表现不一样，但是有着共同的奋斗目标与方向，俗话说“劲儿往一处使”，他们之间的“同体观”效应便已经形成。师父和徒弟间的利益诉求是否一致？人与人之间的利益诉求本就难以一致，不同的利益诉求源于个体的价值判断和价值抉择的不同。即使同一个体在不同的人生时期或社会环境中，利益诉求也会随着自身经验的增长和视野的开阔而发生变化；也会随着社会的进步，利益需求的层次越来越提高。所以，师徒双方或者不同的师父和徒弟之间，他们的利益诉求都难以完全一致。

但是不可否认的是，师父与徒弟间相同或相似的利益诉求越多，“同体观”效应会越强。在相对稳定和趋同的社会阶层关系和社会语境等条件

---

① 蔡永生主编:《马克思主义哲学原理》，高等教育出版社2003年版，第175页。

② 郭民良主编:《社会主义人际关系指要》，红旗出版社1993年版，第12页。

下，师徒双方的价值认知与利益诉求更容易趋于一致。例如在中国传统社会，师徒双方基本上都出身于“工”阶层，他们在物质利益和社会利益等层面有着相近的需求与价值抉择，具体表现为：首先，在物质利益层面，手工技艺多是师徒双方为了满足基本的物质与生存需求的谋生手段。双方在传承关系中以物质利益为纽带，徒弟获得一种生存技能，师父获得一定的物质与劳动力回报。相同的利益诉求使师徒双方在互相扶持中共进退，形成利益“共同体”关系。

其次，在社会利益层面，社会属性是人区别于动物的根本特点。马克思认为，人的本质是“一切社会关系的总和”[①]，因为人的社会属性与社会需要才衍生出争夺、帮助、欺压等各种利益关系。《中国大百科全书·哲学》将利益定义为“人们通过社会关系所表现出来的不同需要”[②]，利益是连接人与人之间、人与社会之间关系的纽带，利益带有社会属性。社会中普遍存在着以师父和其技艺风格为核心的社会团体，各团体之间为了抢夺社会资源与获得经济利益，存在着激烈的竞争关系。出于相同的利益与目标的考量，师徒双方“捆绑”在一起，成为唇亡齿寒的利益共同体。师父的技艺水平与业界权威关系着徒弟的职业发展道路，甚至能增加徒弟的非正式权威和社会资本；徒弟的技艺及未来发展又影响着师父的声誉与利益。他们一荣俱荣，一损俱损，“同体观”效应在特定社会语境中得以增强。

上述案例说明，师父和徒弟只要存在着利益诉求，他们之间就容易产生“同体观”，利益诉求越趋于一致，“同体观”效应就会随之强化。而且，在父子相授的传承关系中，利益“同体观”效应更加鲜明。传受双方是真正的“自己人”，除了生存利益、社会利益外，他们还有因血缘关系

---

① ［德］马克思、恩格斯：《马克思恩格斯选集》（第1卷），中共中央马克思恩格斯列宁斯大林著作编译局译，人民出版社1972年版，第18页。

② 《中国大百科全书·哲学》，中国大百科全书出版社1987年版，第483页。

生发出来的家族利益。血浓于水缔结而成的师徒关系成为最稳固与最强大的关系，这也是业界最推崇此种传承方式的原因之一。

（三）促进情感共鸣

情感是“人对客观事物是否满足自己的需要而产生的态度体验”[①]。满足的需求不同，产生的情感也不一致。在手工技艺信息传播活动中，师父和徒弟之间情感的有和无、强和弱，都会影响到双方的传播意愿和信息接收能力。师徒双方的情感因素越多或越趋同，甚或能达到情感共鸣，支配认知与行为的情感驱动性就越强，“同体观”效应和信息传播效果就会更加鲜明。

师徒双方的情感趋同或共鸣是产生同体观效应的重要因素。情感的产生具有自发性，不是人在理性控制与逻辑推理下的结果。情感只能唤醒和感染，不能强迫和给予。所以，情感共鸣是感性的、直观的，在相互渗透与刺激下形成的相同或相似的态度体验和反应。在师徒关系中，徒弟在学习、做工和生活中都始终伴随在师父身边，在朝夕相处、言传身教的接触中，人的感性与情感因素被充分唤起，并在无意识或潜移默化中相互流动与影响，久而久之就会产生情感趋同和共鸣。因此，情感共鸣是师徒双方在相互影响与刺激下达成的心理共振与默契共识。

首先，师父对徒弟的情感影响与渗透。

师父通过十几年甚至几十年的技艺实践与辛劳付出，逐渐积累起在业界的专业权威、社会地位与声望名誉，而徒弟大多初出茅庐，师父之于他们就是人生的启明灯。徒弟普遍会把师父当作崇拜对象与未来发展目标，对师父充满崇拜与仰慕之情。基于此，师父的情感更容易对徒弟产生倾斜式影响与渗透，甚或影响到他们的人生观与价值观。在笔者的调研活动

---

① 周家亮主编:《心理教育》，山东人民出版社2020年版，第203页。

中，徒弟们普遍反映“崇拜师父”“敬佩师父的为人与技艺”“师父对自己的人生观念有很大影响”。师徒在耳濡目染的朝夕相处中，师父的感情与观念影响与渗透到徒弟身上，并得到徒弟的充分信赖与认可。

同时，师父在情感上更容易与徒弟产生同理心。师父就是过去的徒弟，徒弟现在所经历的学艺过程中的艰辛与情感上的迷惘、忧虑都是师父经历过的心路历程。师父感同身受，能比较清楚地了解徒弟遇到的问题，并给予适时的指引与鼓励。例如，毕业于中央美院雕塑系的硕士小张入职故宫博物院木工部[①]，他的师父安排他做全套木工工具。他认为这是一个没有必要的实践活动，没有重视且制作得很快，而师父不断地嘱咐他“做慢一点，再慢一点！”他不明白师父的用意，等他过了这个学艺阶段才恍然大悟，原来师父的用意，一是为了给初学者磨性子，年轻人不免冒进与浮躁，而手艺最需要的就是耐心，通过慢条斯理地制作工具可以把浮躁之气磨掉；二是增进徒弟对工具的熟知与默契程度。这就是师父作为一个“过来人”的身心体会与感同身受产生的情感体验与共鸣所起到的促进作用。

其次，徒弟对师父的情感崇拜。

徒弟对师父的情感以敬仰与崇拜为主，这种感情容易对崇拜对象产生信任、信赖、安全等心理机制，所以，师徒双方的情感共鸣有着较充足的心理基础与条件。情感共鸣与认同感使徒弟对师父的所教与所授充满信任，徒弟在有意无意间都在向师父的情感观念与言谈举止靠拢，即向师性，“同体观”效应自然会随之强化。而且，徒弟对师父的崇拜与仰慕之情易成为徒弟的情感驱动，徒弟有没有情感驱动和有着怎样力度的情感驱动，都会使技艺信息的接收与传播效果产生差异性。（图 4-8、图 4-9）

---

① 案例来源于电视节目《匠心传奇》2018年第5期。

图4-8　郭石林与徒弟张铁林

图4-9　郭石林与徒弟们

总之，情感共鸣对师徒关系和技艺传承活动有着重要的作用。社会中存在着多元化的人际关系，它们有着不同的级别，美国社会学家马克·格兰诺维特[①]在提出的社会网络理论中认为"测量社会关系强弱的四个维度是互动的频率、情感强度、亲密关系和互惠交换"[②]四个因素。其中前三者都是和情感相关的要素。在手工技艺师徒传承活动中，师徒双方在学习、生活的朝夕相处中互动频率高，亲密性强，情感强度自然随之增加，而且他们还存在着利益诉求与互惠关系，因此，师徒关系在社会中被定义为一种"强关系"。在社会网络中，人与人之间的联结性越强，情感投入越多，他们的内部团结和凝聚力也就越强。在师徒的"强关系"中，情感起着重要的搭建与弥合的作用。随着情感的趋同或共鸣，师徒双方的"同体观"效应也会强化。

综上所述，手工技艺信息传播的师徒双方在社会阶层、利益诉求与情感等方面越一致或趋同，"同体观"效应越明显。除此之外，教育背景、地缘、性格等也可以成为"同体观"的要素。另外，"同体观"要素不是

① 马克·格兰诺维特（Mark Granovetter），美国斯坦福大学人文与科学学院琼·巴特勒·福特（Joan Butler Ford）教授，曾任该校社会学系主任，他是20世纪70年代以来全球最知名的社会学家之一，主要研究领域为社会网络和经济社会学。

② 应星主编：《社会学概论》，中央广播电视大学出版社2010年版，第61页。

固定不变的，如情感关系、利益诉求等都会随着信息传播活动的进展或社会环境的变化而发生变动。师徒双方“同体观”的增加会逐渐建构或扩大他们之间的“共通的意义空间”，推动手工技艺信息传播活动的有效运行与良好发展。

三、运用符号化认知手段

人类的传播是社会信息的流动，以实现人与人之间的交流与沟通，建立起社会联系与互动。信息是无形的，传播者必须借助某种可感知的物质形式——符号才能表现出来。符号是信息的外在形式或物质载体，符号的作用就是携带和传递意义，符号与意义是辩证统一关系。日常生活中的事物、仪式等只要被赋予所指意义后，就成为一个符号，实现了“符号化”。

（一）加强手工技艺信息的符号化

“所谓符号化即传播者将自己要传递的讯息或意义转换为语言、音声、文字或其他符号的活动。”[①] 因为符号与意义的辩证关系，任何符号必须有意义，意义必须得通过符号表述，所以符号化中的符号必须能被识别和解释出来，即携带上意义。“物必须在人的观照中获得意义，一旦这种观照出现，符号化就开始了。”[②] 手工技艺的认知符号体系也是在人的观照中逐渐建构而成的。

传承就是手工技艺信息的传播者——师父借助各种各样的手工技艺符号来传达意义的行为。手工技艺传承与手工技艺符号密不可分，人创造了各种技艺符号，同时又被各种各样的符号所规范。手工技艺中有很多技艺

---

① 郭庆光:《传播学教程》(第二版)，中国人民大学出版社2011年版，第38页。

② 赵毅衡:《符号学原理与推演》(修订本)，南京大学出版社2016年版，第35页。

信息“符号化”为语言、文字、动作，甚至是物件，这是手工艺行业祖祖辈辈的师父们通过经验总结而建构出来的手工技艺认知符号体系，具有被社会集体认可的约定俗成性，易于被社会或行业认知和传播，例如玉雕符号体系中关于技艺操作的“扣”“标”“划”以及“宁选一线，不选一片”等口诀或行话，手工技艺的实操信息转化为了语言符号，而且这些符号携带有意义。“扣”①“标”②“划”③是指玉器坯工阶段去除多余玉料的操作手法；“宁选一线，不选一片”是指在选择翡翠原料时，如何根据外皮切口鉴别与推测翡翠内部的绿色面积，这是相玉阶段“开门子”的一种经验总结。（图4-10）这些语言符号传递与承载着手工技艺的制作方法与经验总结。符号化是人应对经验的一种方式，可以加强信息的可识别性与稳定性，更易于传播与储存。可见，手工技艺信息的符号化有两层含义的理解，第一，将传达的技艺信息转化为语言、声音、文字等符号，第二，符号必须携带有意义。符号与意义在人的观照下建立起链接关系，即能指（signifier）④与所指（signified）⑤的关系，符号被赋予了意义。能指与所指不是一一对应的关系，并不是一个

图4-10　剖切开的毛料

① “扣”专指砣具从玉料的两个方向入手，如同切蛋糕的手法把一块呈角度的余料切割下来，剜取中间部位。

② “标”是指用砣具平面削去玉器余料。

③ “划”指用铡砣或錾砣在玉料上切出许多平行的沟槽，之后再用掰刀去除玉料的方法。苏欣：《京都玉作》，博士学位论文，中央美术学院，2009年，第105页。

④ 符号和意义的关系，结构主义语言学奠基人索绪尔将它界定为能指与所指的关系。能指是指具体的符号文本，通常可以表现为声音、文字、图像等。

⑤ 所指是“指代或表述的对象事物的概念或意义”。

固定的能指就有一个固定的所指。例如“花”的物理性发音，是一个能指符号。它的所指，在不同人的心目中是不一样的，你想到了带刺的玫瑰，而他想到了清雅的百合。最初二者的关系是任意性建构而成的，并没有必然的指代关系。物理性发音的“花”代替了对于现实生活中“花”的表征，这种代替的过程是一种任意性的过程，并没有必然的关系。随着社会的发展和社会民众的认可，变成了一种约定俗成的规约，人们遵守与尊重它，并不随意改变。因此，符号和意义的链接关系具有一定的人为性，是主观创造出来并通过社会集体性认可而形成的。手工技艺信息的传播活动随着时代的发展也在不断地延续已存在的链接关系与创造新的链接关系。

手工技艺行业，不管是玉器、瓷器还是漆器行业内部，都存在着千百年来约定俗成的符号化认知体系与表征系统。这些符号化体系在继承与延续手工技艺的内涵与外延等方面发挥着重要的承载与传播作用，使手工技艺的技术、观念和思想跨越时间和空间的维度进行传播与储存，代代相传。如果失去这些带有经验性总结而成的符号，手工技艺的传承与延续便在很大程度上失去了凭依。鉴于手工技艺符号化的重要性，所以，建构与完善手工技艺信息的符号化体系是非常有必要和有意义的。我们可以重点从两方面入手，一方面，对于经过历史的洗礼，跨越时间和空间的传播而依然保存下来的手工技艺符号，我们应该在审视的基础上以尊重和遵守为主，祖辈们心血积累与总结而成的经验，我们应该尊重它的存在意义，并遵守符号化体系对师徒双方的规范、控制和约束作用。

另一方面，在当代社会语境下，随着社会的变革与生产力的发展，新技术、新观念层出不穷，手工技艺中出现了一些与时俱进的认知新符号，例如琢玉工具，电力代替了人力，电动琢玉机代替了水凳，并出现了轻便耐用的软轴钻（图 4-11）等，工具的不断革新促使技艺的更新与发展。适时建构与创造新的符号是符合时代发展与手工技艺发展规律的大势所趋。符号化体系是在一定时期内集体约定的基础上形成的，这个“集体”

可以是大到社会环境、行业环境内大部分成员的约定俗成；也可以具体到某一个师门，形成以师父为核心的师徒们的约定俗成。师父可以根据个人经验的累积与总结把手工技艺的信息要点符号化，例如，李博生总结出的技艺口诀“仔细观察，深入体会，掌握结构，注意特征”“三大块，一条线，拧麻花”“十砣开脸法”等，这些成为他和徒弟们遵守与规范、沟通与交流的约定俗成的语言符号。

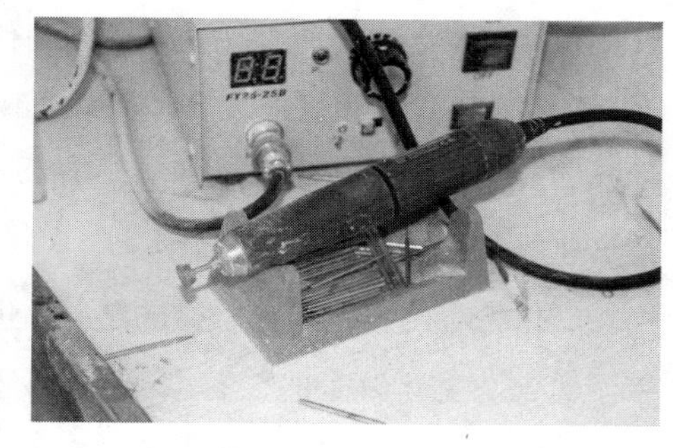

图 4－11　现代琢玉工具软轴钻

符号化认知体系的建构对于手工技艺信息的传播有着重要作用。符号是我们感知事物的存在、进而认识和理解它们的载体。符号与意义之间的关系，是在人的主观意识的观照下创造与建构起来的一种约定俗成。其实，符号化体系就是手工技艺行业内形成的一种“范式”，范式即共同体，“是某一个历史时期为大部分共同体成员所广泛承认的问题、方向、方法、手段、过程、标准等等”[①]。这种“范式”为师父与徒弟之间的认知以及传承活动的顺利进行提供了传播基础与沟通桥梁。即师徒双方有着共通的认知基础，这有利于扩大他们的“共通的意义空间”，加强手工技艺信息的可识别性与稳定性，提高信息传播的准确性与有效性，从而有利于提高手工技艺信息的传播效果。

（二）注重传统文化符号的运用

文化符号是符号中的一种，即承载着文化的符号，文化与符号密切相连。“美国文化人类学家怀特在《文化的科学》中说：……‘全部文化或

① 苏欣:《京都玉作》，博士学位论文，中央美术学院，2009 年，第 51 页。

文明依赖于符号。正是使用符号的能力使文化得以产生，也正是对符号的运用使文化延续成为可能。没有符号就不会有文化。'"[①] 人是文化的创造主体，同时人又是"符号的动物"[②]。所以，人是符号和文化的动物，人是创造文化符号的主体。

文化符号的形成是符号化的结果，也就是事物在特定的语境中开始被赋予意义。文化符号的"物源"，可以是自然物、人工制造物，也可以是行为或事件，它们原本都是不携带文化意义的，而当它们"获得了超出它作为自在与自为之物的个别存在的意义时"[③]，就开始"符号化"为文化符号。本书中的文化符号特指手工技艺行业内的仪式、习俗、行规等符号化的信息内容。例如，手工技艺的玉作行有一个专业术语叫"上凳"。"上凳"本义是指坐在凳子上进行水凳设备的操作，即琢玉，因座凳高于平常的凳子故名。但是后来"上凳"逐渐发展成为一个业界约定俗成的标识着操作者技艺水平与身份地位的文化符号。

"凳"作为一个人工制造物，原本只是一种坐具，并不具有文化性的含义，但是当它"被认为携带意义时"，它就成为一种符号。"凳"并不是所有徒弟都能坐上去的，必须是技艺娴熟到一定程度，并得到师父的认可才能坐上去。它是玉器作坊内衡量徒弟的技艺水平与地位的标准，是一种身份价值的印证，相当于徒弟进入玉作行的一个"成人礼"。此时的器物"凳"与行为"上凳"已被赋予了人文的意义，"在人类社会中，每一种实用物，或有实用目的的行为，都有可能带上符号意义；反过来，每一种供使用的物，也可以变成符号载体"[④]。"凳"与"上凳"不仅是实用意义符号，还是一种代表着身份感、尊严感和优越感的文化意义符号，"物可能

---

① 仲富兰:《民俗传播学》，上海文化出版社2007年版，第150页。

② [德]恩斯特·卡西尔:《人论》，甘阳译，上海译文出版社2004年版，第42页。

③ 赵毅衡:《符号学原理与推演》(修订本)，南京大学出版社2016年版，第34页。

④ 赵毅衡:《符号学原理与推演》(修订本)，南京大学出版社2016年版，第27页。

带上意义而变成符号，而一旦变成符号，使用性与意义性共存于一事物之中”[①]。两者的区别不在于符号本身，而在于受传者的符号解释与译码。在符号的解释中，它既受制于客观的社会语境，也受制于人的主观意识。世界上的事物与行为在不同的语境中，在不同人的主观意识观照下，都会产生不同的功能与意义。最后成为一种大多数人都认可的约定俗成性，文化符号就形成了。所以，文化符号的意义基本上都远远超过了原物的使用价值。

那么，在手工技艺师徒传承中运用文化符号有何作用？文化符号是人类主体意识驱动与解释下的自觉创造物，它一方面涉及符号自身与客观物象之间的关系，另一方面和特定语境中的交流、理解和解释密切相关。“一些文化学家坚持文化的核心就是意义的创造、交往、理解和解释。”[②]所以，文化符号反映了特定社会语境中人们的需求、思想观念与价值取向等，手工技艺的文化符号蕴含着人文意义、文化理念与工匠精神，这才是手工技艺的文化根基与灵魂，手工技艺传承的根本目的并不是它那可感知、可识别的文化符号，而是蕴含在文化符号中的不可感知的文化价值与意义。文化符号作为一种媒介，承载与储存着这种抽象的意义与价值，并得以横向式社会传播与纵向式代代传承。

但是在现代社会，文化符号呈现出“去符号化”的趋势，也称为“物化”，即让载体失去意义，降解为使用物。《三国演义》中讲道“王莽篡逆，孝元皇太后将印打王寻、苏献，崩其一角，以金镶之”[③]，玉玺失去了原本的皇权符号意义，变成了一件打人的武器。符号被降低到只是作为物的一种使用性而存在。“凳”在现代社会也逐渐地“去符号化”，其权力

① 冯月季:《传播符号学教程》，重庆大学出版社2017年版，第6页。

② 仲富兰:《民俗传播学》，上海文化出版社2007年版，第144页。

③ （明）罗贯中著，钟惺评点，陈曦中、陈卫平点校:《三国演义》，中国广播电视出版社1992年版，第61页。

地位的符号意义消失，“降解”为只供坐的实用物“凳子”，不能再作为一种文化符号而存在。有些文化符号甚至直接消失，例如，徒弟出师时师父赠送的工具，行业神的祭祀仪式，拜师仪式，逢年过节徒弟看望师父等行为。

这种文化符号的消解与消失，反映出随着现代社会的发展与文化生态环境的变化，手工艺人对待手工技艺及师父的态度与价值观已在悄然变化，失去了对手工技艺的敬畏之心，蕴含在文化符号背后的人文精神也随之消失殆尽，只剩下了干巴巴的技艺躯壳。这种情况下，我们首先应该尊重传统文化符号及其背后蕴含的文化价值，对于文化精华我们应该重拾与整合，以契合当下社会发展语境与手工艺发展规律。另外，我们也可以重新创造一些新的文化符号，卡西尔在《人论》中说，人是能利用符号去创造文化的动物。人能发明、运用各种符号，创造出属于他自己的有别于自然世界的人文世界。抓住了文化符号背后的意义与价值，才抓住了手工技艺师徒传承的核心与灵魂。

结　论

本书借助传播学视角与方法探析手工技艺师徒传承的传播特点、传播过程与传播效果，试图厘清影响师徒传承的有利因素与不利因素，还原传统师徒传承过程中手工技艺信息的孵化系统，以期解决手工技艺如何实现高效优质传承的问题。

传播学视角下的“传承”可解读为信息传播者（师父）与受传者（徒弟）之间关于手工技艺信息的传播与共享行为，其目的是保持手工技艺信息准确、客观与有效地从传播者传递至受传者。但是在传播过程中存在着各种阻碍传播的“噪声”，制约着信息传播效果。笔者沿着这条传播学的理论脉络展开思考，发现这正是造成手工技艺师徒传承内部机制问题与症结之所在。

根据传播学“5W”传播过程模式，通过对手工技艺传播者（师父）、传播内容（技艺信息）、传播媒介（身体等）、受传者（徒弟）与传播效果之间关系的深度解剖，本书厘析出影响手工技艺师徒传承效果的主要因素。第一，在传播者方面，手工技艺传播者既是信息生产者，又是信息传播者，在信息传播中减少了因他人介入而造成的环节过多产生的理解性误差，但是也面临着传授意愿与传授能力不强而造成的主观噪声。第二，传播内容方面，手工技艺显性信息因其相对客观、可感知、可量化的特征，在信息传播过程中遇到的“噪声”与阻碍较少；而隐性信息因不易编码与传递的“只可意会不可言传”性，使其在信息传播过程中存在的干扰噪声较多。如若能实现部分隐性信息的显性化，将一定程度上提高传承效率，对于无法显性化的隐性信息则需借助于环境的濡染、情感的增进等因素，潜移默化地进行信息的传播与接收。第三，传播媒介方面，“言传身教”式的身体“在场传播”因其身体媒介与现场传播的双重维度，使信息传播的“噪声”较少；而非身体媒介的“不在场传播”因远离现场，致使“噪声”增加。随着传播媒介的多元化趋势，应综合各种传播媒介自身的优势，既坚守传统媒介形式又勇于尝试新的媒介形式，以适应新时代的发展步伐。第四，受传者方面，受传者接收信息的身体条件与心理状态是影响手工技艺信息传播的重要因素，因此，提高其身体接受能力与端正学艺态度也至关重要。

综上所述，笔者认为传播者与受传者的主观意愿与能力、身体媒介的“在场传播”是影响手工技艺信息传播的最主要因素。如果师父的传授意愿与传授能力较强，则师父的“信源可信性”可以对徒弟发挥重要的濡染与信服功能；如果徒弟具有较强的接收信息的主观意愿，以及具备接收信息的身体条件与能力，也能有效降低“噪声”的生成与影响，反之亦然。师父与徒弟形成一种互相促进与制约的相依关系，而且在手工技艺信息传播过程中，师徒双方朝夕相处、耳濡目染，充盈着更多的感性与情感因素，所形成的情感依赖与共鸣对传播效果起着重要的催化作用。身体媒介的“在场传播”可以最大限度地保护与维持信息在“信源地”的原真性，即越接近现场，噪声越少，越能带来现场的信息直观刺激与反馈，反之亦然。解决上述“噪声”的有效方法可以尝试从建构传受双方“共通的意义空间”，即改善与营造传播环境、强化“同体观”效应与运用符号化认知手段介入思考，以提高传承效率。

通过传播学视角的分析可以得知，传统的师徒传承方式在技艺信息传递方面具有多种优势，并在长期的历史变迁与技艺传承适应中逐渐形成了良好的传播体系，即外部条件与内部结构共同作用下的传播系统。

外部条件，一方面，包括手工技艺师徒传承活动的宏观环境与微观空间所营造的“传播场域”。社会对手工技艺的价值认同与舆论环境等宏观因素都以某种方式影响、规定与制约着师徒双方的信息传播活动；手工艺作坊、工作室等物理空间通过人文规约、师门条例所营造出来的人文语境，也潜移默化地影响着“场”内的人、事、物，塑造出师徒双方一种全新意义上的人际关系和情感体验，影响着行业的发展和变迁。因此，对手工技艺传播环境的影响性一定要十分重视，并予以科学优化和合理控制。另一方面，外部条件也包括手工技艺传受双方在所处社会阶层、利益诉求与情感关系等方面的“同体观”，强化它有利于提高信息传播的准确性与高效性，取得良好的传播效果。

内部结构，即手工技艺信息在传播过程中的各环节组合而成的结构与系统。各要素、各环节之间既一环扣一环地链式连接，彼此之间又动态发展与互动，呈现出一个相互联系、相互作用又各自执行特定功能的有机整体。其中既有影响内部信息传播的因素，如传播者的传授意愿与传授能力，显性信息与隐性信息的传播特点，传播媒介的适宜性选择与利用等；也有可以促进其传播的有效方法，如师徒双方运用符号化认知手段与体系可以加强信息的交流与意义的传达等。

所以，手工技艺师徒传承系统，既包括外部传播环境与因素对手工技艺传播活动的濡化与熏陶、重构与塑造所形成的传播场域与传播条件，又包括技艺信息在传播过程中的内部有机结构与影响要素。内外系统形成合力使手工技艺师徒传承在传道授技方面“不肃而成”。因此，从传播学角度来看，虽然手工技艺师徒传承也存在着阻碍其传播的各种主观与客观“噪声”，但是其仍然是契合于手工技艺信息特色与传播要求的传承方式。

当然，由于社会的发展与生活方式的改变，如何既保持传统师徒传承的优势，又能够适应时代的变化，此问题有待进一步思考与解决。

因此，对待手工技艺师徒传承，我们应该在理论上建立系统化认知，营造技艺传承的传播场域，还原技艺信息发生的“信源”现场，完善技艺传承环节上的结构、要素及其相互关系，并降低传播过程中的“噪声”生成与影响；既要俯瞰技艺传承，又要沉潜到技艺信息的内部，力求在传承实践中保持手工技艺信息准确、客观与有效的传播，以期为当代技艺传承提供学理性借鉴，这正是本书投石问路的研究意义所在。

参考文献

一、专著

（一）工艺美术

[1] 闻人军译注：《考工记译注》，上海古籍出版社 2008 年版。

[2] 戴吾三：《天工开物图说》，山东画报出版社 2009 年版。

[3] 李凤公著，赵菁编：《玉雅》，金城出版社 2011 年版。

[4] 吕品田：《必要的张力》，重庆大学出版社 2007 年版。

[5] 吕品田：《动手有功——文化哲学视野中的手工劳动》，重庆大学出版社 2014 年版。

[6] 吕品田：《中国民间美术观念》，湖南美术出版社 2007 年版。

[7] 邱春林：《中国手工艺文化变迁》，中西书局 2011 年版。

[8] 邱春林：《设计与文化》，重庆大学出版社 2009 年版。

[9] 刘长林：《中国系统思维——文化基因探视》（修订本），社会科学文献出版社 2008 年版。

[10] 费孝通：《乡土中国》，江苏文艺出版社 2007 年版。

[11] 费孝通:《文化与文化自觉》,群言出版社 2016 年版。

[12] 方李莉:《“文化自觉”与“非遗”保护》,北京时代华文书局 2015 年版。

[13] 方李莉:《新工艺文化论:人类造物观念大趋势》,清华大学出版社 1995 年版。

[14] 张道一:《设计在谋》,重庆大学出版社 2007 年版。

[15] 杭间:《原乡·设计》,重庆大学出版社 2009 年版。

[16] 唐家路:《民间艺术的文化生态论》,清华大学出版社 2006 年版。

[17] 曹焕旭:《中国古代的工匠》,商务印书馆国际有限公司 1996 年版。

[18] 童书业编著:《中国手工业商业发展史》,齐鲁书社 1981 年版。

[19] 杭间:《手艺的思想》,山东画报出版社 2001 年版。

[20] 张道一:《工艺美术论集》,陕西人民美术出版社 1986 年版。

[21] 杭间:《中国工艺美学思想史》,北岳文艺出版社 1994 年版。

[22] 田自秉:《工艺美术概论》,知识出版社 1991 年版。

[23] 雷圭元:《工艺美术技法讲话》,正中书局 1948 年版。

[24] 王树村主编:《中国传统手工技艺丛书》,北京工艺美术出版社 2000 年版。

[25] 李绵璐:《工艺美术与工艺美术教育》,人民美术出版社 2000 年版。

[26] 王朝闻:《喜闻乐见》,作家出版社 1963 年版。

[27] 庞薰琹:《庞薰琹工艺美术文集》,轻工业出版社 1986 年版。

[28] 奚传绩编:《设计艺术经典论著选读》,东南大学出版社 2011 年版。

[29] 季龙主编:《当代中国的工艺美术》,中国社会科学出版社 1984

年版。

[30] 钟连盛：《全国工艺美术行业调查报告》，北京工艺美术出版社 2008 年版。

[31] 王军：《文化传承与教育选择》，民族出版社 2002 年版。

[32] 祝慈寿：《中国古代工业史》，学林出版社 1988 年版。

[33] 王文章主编：《非物质文化遗产概论》，文化艺术出版社 2006 年版。

[34] 冯骥才总主编，成功本卷主编：《中国非物质文化遗产百科全书·传承人卷》，中国文联出版社 2015 年版。

[35] 吴明娣主编：《百年京作——20 世纪北京传统工艺美术的传承与保护》，首都师范大学出版社 2014 年版。

[36] 费孝通等：《人性和机器——中国手工业的前途》，生活书店 1946 年版。

[37] 郭艺：《留住手艺 ——手工艺活态保护研究》，浙江摄影出版社 2015 年版。

[38] 何庆先等整理：《中国历代考工典》，江苏古籍出版社 2003 年版。

[39] 王星：《技能形成的社会建构：中国工厂师徒制变迁历程的社会学分析》，社会科学文献出版社 2014 年版。

[40] 蓝克利主编：《中国近现代行业文化研究：技艺和专业知识的传承与功能》，北京图书出版社 2010 年版。

[41] 王文章主编：《中国工艺美术大师全集》，安徽美术出版社 2015 年版。

[42] 潘鲁生主编：《中国手艺传承人丛书》，海天出版社 2016 年版。

[43] 赵永魁、张加勉：《中国玉石雕刻工艺技术》，北京工艺美术出版社 2000 年版。

[44] 王名时编著:《潘秉衡琢玉技艺》, 轻工业出版社 1982 年版。

[45] 冯乃恩、周南泉编著:《中国古代手工艺术家志》, 紫禁城出版社 2008 年版。

[46] 彭泽益编:《中国近代手工业史资料》, 生活·读书·新知三联出版社 1957 年版。

[47] 北京市地方志编纂委员会编著:《北京志·工业卷·纺织工业志·工艺美术志》, 北京出版社 2002 年版。

[48] 张家勉编著:《玉雕》, 北京出版社 2001 年版。

[49][美] 布朗·科赞尼克:《艺术创造与艺术教育》, 马壮寰译, 四川人民出版社 2000 年版。

[50][日] 柳宗悦:《工艺文化》, 徐艺乙译, 中国轻工业出版社 1991 年版。

[51][日] 柳宗悦:《工艺之道》, 徐艺乙译, 广西师范大学出版社 2011 年版。

(二) 传播学

[52] 郭庆光:《传播学教程》(第二版), 中国人民大学出版社 2011 年版。

[53] 李黎明主编:《传播学概论》, 武汉大学出版社 2011 年版。

[54] 田中阳主编, 肖燕雄副主编:《传播学基础》, 岳麓书社 2009 年版。

[55] 胡正荣、段鹏、张磊:《传播学总论》, 清华大学出版社 2008 年版。

[56] 南国农、李运林编著:《教育传播学》, 高等教育出版社 1995 年版。

[57] 姜笑君主编, 赵靓副主编:《传播心理学》, 东北大学出版社 2016 年版。

[58] 孙英春:《跨文化传播学导论》，北京大学出版社 2008 年版。

[59] 张咏华:《媒介分析——传播技术神话的解读》，复旦大学出版社 2002 年版。

[60] 王岳川主编:《媒介哲学》，河南大学出版社 2004 年版。

[61] 李智:《媒介批评》，中国传媒大学出版社 2016 年版。

[62] 李永健主编:《媒介传播效果调查与分析教程》，浙江大学出版社 2017 年版。

[63] 崔林:《媒介史》，中国传媒大学出版社 2017 年版。

[64] 戴元光、邵培仁、龚炜编著:《传播学原理与应用》，兰州大学出版社 1988 年版。

[65] 张国良主编:《传播学原理》，复旦大学出版社 1995 年版。

[66] 成振珂:《传播学十二讲》，新世界出版社 2016 年版。

[67] 韩向前:《传播心理学》，南京出版社 1989 年版。

[68] 薛可、余明阳主编:《人际传播学》，同济大学出版社 2007 年版。

[69] 仲富兰:《民俗传播学》，上海文化出版社 2007 年版。

[70] 邵培仁:《传播学》，高等教育出版社 2000 年版。

[71] 齐沪扬:《传播语言学》，河南人民出版社 2000 年版。

[72] 宋昭勋:《非言语传播学》(新版)，复旦大学出版社 2008 年版。

[73] 秦琍琍、李佩雯、蔡鸿滨:《口语传播》，复旦大学出版社 2011 年版。

[74] 李杰群主编:《非语言交际概论》，北京大学出版社 2002 年版。

[75] 燕燕:《梅洛－庞蒂具身性现象学研究》，社会科学文献出版社 2016 年版。

[76] 钟以谦:《媒介传播理论：人与人之间的影响》，中国传媒大学出版社 2017 年版。

[77] 隋岩：《媒介文化与传播》，中国广播影视出版社 2015 年版。

[78] 赵建国：《身体传播》，社会科学文献出版社 2018 年版。

[79] 童清艳：《受众研究》，上海交通大学出版社 2013 年版。

[80] 邵培仁主编，邵培仁等著：《艺术传播学》，南京大学出版社 1992 年版。

[81] 文言主编：《文学传播学引论》，辽宁人民出版社 2006 年版。

[82] 沙垚：《土门日记：华县皮影田野调查手记》，清华大学出版社 2011 年版。

[83] 刘秀梅：《新闻的传播形态之嬗变》，新华出版社 2015 年版。

[84] 殷建连、孙大君：《手脑结合概论》，苏州大学出版社 2017 年版。

[85][加] 赫伯特·马歇尔·麦克卢汉：《理解媒介：论人的延伸》，何道宽译，商务印书馆 2000 年版。

[86][美] 威尔伯·施拉姆、威廉·波特：《传播学概论》，陈亮等译，新华出版社 1984 年版。

[87][美] 哈罗德·拉斯韦尔：《社会传播的结构与功能》，何道宽译，中国传媒大学出版社 2012 年版。

[88][美] 沃纳·赛佛林、小詹姆斯·坦卡德：《传播理论：起源、方法与应用》（第四版），郭镇之、孟颖等译，华夏出版社 2000 年版。

[89][美] 拉里·A. 萨默瓦、理查德·E. 波特：《跨文化传播》（第四版），闵惠泉、王纬、徐培喜等译，中国人民大学出版社 2004 年版。

[90][英] 布莱恩·特纳：《身体与社会》，马海良、赵国新译，春风文艺出版社 2000 年版。

[91][法] 莫里斯·梅洛 – 庞蒂：《知觉现象学》，姜志辉译，商务印书馆 2001 年版。

[92][美] 查尔斯·莫里斯：《指号、语言和行为》，罗兰、周易译，

上海人民出版社 1989 年版。

[93][美] 马兰德罗、巴克:《非言语交流》，孟小平等译，北京语言学院出版社 1991 年版。

[94][美] 劳伦斯 · 夏皮罗:《具身认知》，李恒威、董达译，华夏出版社 2014 年版。

（三）信息学、符号学

[95] 肖峰:《信息技术哲学》，华南理工大学出版社 2016 年版。

[96] 穆向阳:《信息的演化》，东南大学出版社 2016 年版。

[97] 罗时进编著:《信息学概论》，苏州大学出版社 1998 年版。

[98] 赵毅衡:《符号学原理与推演》(修订本)，南京大学出版社 2016 年版。

[99] 冯月季:《传播符号学教程》，重庆大学出版社 2017 年版。

[100] 余志鸿:《传播符号学》，上海交通大学出版社 2007 年版。

[101] 赵蓉、叶茵编著:《信息论基础》，北京邮电大学出版社 2011 年版。

[102] 邹志仁主编:《信息学概论》(第 2 版)，南京大学出版社 2007 年版。

[103] 黄华新、陈宗明主编:《符号学导论》，东方出版中心 2016 年版。

[104] 王科:《符号设计与广告传播》，光明日报出版社 2017 年版。

[105] 闵阳等:《新媒体环境下西部农村信息传播有效性研究》，武汉大学出版社 2014 年版。

[106][意] 乌蒙勃托 · 艾柯:《符号学理论》，卢德平译，中国人民大学出版社 1990 年版。

[107][法] 罗兰 · 巴特:《符号学原理》，王东亮等译，生活 · 读书 · 新知三联书店 1999 年版。

[108][美] W. 宣伟伯:《传媒信息与人:传学概论》,余也鲁译,中国展望出版社 1985 年版。

[109][英] 特伦斯·霍克斯:《结构主义和符号学》,瞿铁鹏译,上海译文出版社 1987 年版。

[110][日] 池上嘉彦:《符号学入门》,张晓云译,国际文化出版公司 1985 年版。

[111][日] 永井成男:《符号学》(第一版),北树出版社 1989 年版。

(四)其他

[112] 高亮华:《人文主义视野中的技术》,中国社会科学出版社 1996 年版。

[113] 刘大椿:《科学技术哲学导论》(第二版),中国人民大学出版社 2005 年版。

[114] 汪凤炎、郑红:《中国文化心理学》,暨南大学出版社 2008 年版。

[115] 张孟闻编:《李约瑟博士及其中国科学技术史》,华东师范大学出版社 1989 年版。

[116] 张向葵主编:《教育心理学》,中央广播电视大学出版社 2015 年版。

[117] 尹保华:《社会学概论》,知识产权出版社 2018 年版。

[118] 彭和平:《制度学概论》,国家行政学院出版社 2015 年版。

[119] 侯样祥主编:《科学与人文对话》,云南教育出版社 2000 年版。

[120][美] 威廉·A. 哈维兰:《文化人类学》,瞿铁鹏等译,上海社会科学院出版社 2002 年版。

[121][英] 李约瑟:《中国古代科学思想史》(第二版),陈立夫等译,江西人民出版社 1999 年版。

[122][美]赫伯特·马尔库塞:《单向度的人——发达工业社会意识形态研究》,刘继译,上海译文出版社2008年版。

[123][法]让-伊夫·戈菲:《技术哲学》,董茂永译,商务印书馆2000年版。

[124][德]瓦尔特·本雅明:《机械复制时代的艺术作品》,王才勇译,江苏人民出版社2006年版。

[125][美]约翰·费斯克:《传播研究导论:过程与符号》,许静译,北京大学出版社2008年版。

[126][美]露丝·本尼迪克:《文化模式》,何锡章、黄欢译,华夏出版社1987年版。

[127][英]马林诺夫斯基:《文化论》,费孝通等译,中国民间文艺出版社1987年版。

[128][法]马塞尔·莫斯等:《论技术、技艺与文明》,蒙养山人译,世界图书出版公司北京公司2010年版。

[129][德]恩斯特·卡西尔:《人论》,甘阳译,西苑出版社2003年版。

[130][英]安东尼·吉登斯:《现代性的后果》,田禾译,译林出版社2000年版。

[131][德]阿诺德·盖伦:《技术时代的人类心灵:工业社会的社会心理问题》,何兆武、何冰译,上海科技教育出版社2003年版。

[132][美]卡尔·米切姆:《技术哲学概论》,殷登祥、曹南燕等译,天津科学技术出版社1999年版。

[133][美]许倬云:《中国古代文化的特质》,台湾联经出版事业公司1988年版。

[134][法]埃德加·莫兰:《复杂性理论与教育问题》,陈一壮译,北京大学出版社2004年版。

[135][法] 马塞尔·莫斯:《社会学与人类学五讲》，林宗锦译，广西师范大学出版社 2008 年版。

[136][美] 坎农:《躯体的智慧》，范岳年、魏有仁译，商务印书馆 2009 年版。

[137][德] 马克思、恩格斯:《马克思恩格斯选集》(第 1 卷)，中共中央马克思恩格斯列宁斯大林著作编译局译，人民出版社 1972 年版。

[138][美] 唐·伊德:《技术与生活世界：从伊甸园到尘世》，韩连庆译，北京大学出版社 2012 年版。

二、学术论文

[1] 吕品田:《以学历教育保障传统工艺传承——谈高等教育体制对“师徒制”教育方式的采行》,《装饰》2016 年第 12 期。

[2] 臧小戈:《从传承模式谈传统手工艺保护机制的建立》,《南京艺术学院学报(美术与设计)》2019 年第 2 期。

[3] 吴杨波:《师徒制：中国现代美术教育的乡愁》,《美术观察》2017 年第 10 期。

[4] 陈红兵、陈昌曙:《关于“技术是什么”的对话》,《自然辩证法研究》2001 年第 4 期。

[5] 唐克美:《传统技艺中的文化复兴》,《美术观察》2007 年第 7 期。

[6] 袁熙旸:《冲出“围城”——后工业化社会中手工艺的处境与出路》,《南京艺术学院学报(美术与设计)》2007 年第 1 期。

[7] 周波:《对话与倾听：当代语境下传统手工艺的传承与发展》,《南京艺术学院学报(美术与设计)》2010 年第 6 期。

[8] 方李莉:《技艺传承与社会发展——艺术人类学视角》,《江南大

学学报（人文社会科学版）》2011 年第 3 期。

［9］方李莉：《本土性的现代化如何实践——以景德镇传统陶瓷手工技艺传承的研究为例》，《南京艺术学院学报（美术与设计）》2008 年第 6 期。

［10］周星：《器物、技术、传承与文化——〈传统与变迁——景德镇新旧民窑业田野考察〉读后》，《民族艺术》2001 年第 1 期。

［11］汪基德：《论教育传播模式的构建与分类》，《河南大学学报（社会科学版）》2007 年第 1 期。

［12］杨卫华：《传统手工技艺传承教育的思考 ——以雕漆技艺为例》，《非物质文化遗产研究集刊》第七辑，2014 年。

［13］张玉新：《试论中国传统美术“父子相传，师徒相授”教育方式的得与失》，《美与时代》2005 年第 1 期。

［14］王晓珍：《“手工艺”传承方式多样化思考》，《民艺》2018 年第 3 期。

［15］邱春林：《工艺美术保护与发展中的文化矛盾》，《文艺研究》2006 年第 12 期。

［16］党明德、谢婕：《潍坊风筝的传承方式及代表人物》，《民俗研究》2007 年第 3 期。

［17］赵星植：《元媒介与元传播：新语境下传播符号学的学理建构》，《现代传播》2018 年第 2 期。

［18］戴宇辰：《“在媒介之世存有”：麦克卢汉与技术现象学》，《新闻与传播研究》2018 年第 10 期。

［19］陈伟民、杨波：《大众传播中噪音的产生与控制》，《学术交流》2000 年第 3 期。

［20］沙垚：《农民文化的复合表达——以关中皮影的传播实践为例》，《民艺》2018 年第 3 期。

[21] 沙垚:《乡村文化传播的内生性视角:“文化下乡”的困境与出路》,《现代传播》2016年第6期。

[22] 沙垚:《乡村文化变迁:阶段、维度与意义——以华县皮影为例探索民艺传承的内在困境》,《全球传媒学刊》2014年第1期。

[23] 周福岩:《民间传承与大众传播》,《民俗研究》1998年第3期。

[24] 赵士英、洪晓楠:《显性知识与隐性知识的辩证关系》,《自然辩证法研究》2001年第10期。

[25] 孙建君、陶俑:《非物质文化遗产保护与文化产业发展——以手工技艺为例》,《雕塑》2013年第S1期。

[26] 孙发成:《民间传统手工艺传承中的“隐性知识”及其当代转化》,《民族艺术》2017年第5期。

[27] 彭锋:《重回在场——兼论哲学作为一种生活方式》,《学术月刊》2006年第12期。

[28] 付玉:《略论虚拟现实技术与身体“在场”之关系》,《东南传播》2018年第11期。

[29] 齐如林、张宪昌:《网络时代非物质文化遗产的传播》,《贵州教育学院学报(社会科学)》2008年第2期。

[30] 胡霞、罗昕:《符号的交际功能》,《北京理工大学学报(社会科学版)》2003年第5期。

[31] 荆雷:《中国当代手工艺的核心价值》,博士学位论文,中国艺术研究院,2012年。

[32] 苏欣:《京都玉作》,博士学位论文,中央美术学院,2009年。

[33] 陈向阳:《走向澄明之境——技术哲学视阈中的技术教育》,博士学位论文,南京师范大学,2012年。

图片来源

图 1-1：引自网络图片 https://www.kaiyuanmuye.com。

图 1-2：潘鲁生主编，刘燕著：《广东潮州木雕 · 陈培臣》，海天出版社（深圳）2017 年版，第 88 页。

图 1-3：潘鲁生主编，黄永建著：《浙江东阳木雕 · 陆光正》，海天出版社 2017 年版，第 52 页。

图 1-4：http://www.xinhuanet.com/photo/2019-07/01/c_1210174486.htm。

图 1-5：网络图片 http://blog.sina.com.cn/s/blog_e6a739510102uzbf.html。

图 1-6：潘鲁生主编，薛坤著：《京作硬木家具 · 李永芳》，海天出版社 2017 年版，第 73 页。

图 1-12：网络图片 https://www.sohu.com/a/191157611_383916。

图 3-1：潘鲁生主编，孙明洁著：《北京玉雕 · 郭石林》，海天出版社 2017 年版，第 129 页。

图 3-3：潘鲁生主编，孙明洁著：《北京玉雕 · 郭石林》，海天出版社 2017 年版，第 144 页。

图 3-7：潘鲁生主编，胡雪涛著：《青海藏族唐卡 • 娘本》，海天出版社 2017 年版，第 64 页。

图 3-8：潘鲁生主编，孙明洁著：《北京玉雕 • 郭石林》，海天出版社 2017 年版，第 49 页。

图 3-12：潘鲁生主编，孙明洁著：《北京玉雕 • 郭石林》，海天出版社 2017 年版，第 30 页。

图 3-13：电影网 https://www.1905.com。

图 3-14：杨维增译注：《天工开物》，中华书局 2022 年版，第 485 页。

图 3-15：《玉作图》https://www.sohu.com/a/399882033_776727。

图 3-17：潘鲁生主编，刘燕著：《广东潮州木雕 • 陈培臣》，海天出版 2017 年版，第 65 页。

图 3-18：潘鲁生主编，路琼著：《广西壮锦 • 谭湘光》，海天出版社 2017 年版，第 50 页。

图 3-21：潘鲁生主编，孙明洁著：《北京玉雕 • 郭石林》，海天出版社 2017 年版，第 84 页。

图 3-22：潘鲁生主编，孙明洁著：《北京玉雕 • 郭石林》，海天出版社 2017 年版，第 78 页。

图 3-23：潘鲁生主编，孙明洁著：《北京玉雕 • 郭石林》，海天出版社 2017 年版，第 70 页。

图 3-24：引自郭庆光《传播学教程》(第二版)，中国人民大学出版社 2011 年版，第 51 页。

图 4-1：引自郭庆光《传播学教程》(第二版)，中国人民大学出版社 2011 年版，第 51 页。

图 4-2：引自郭庆光《传播学教程》(第二版)，中国人民大学出版社 2011 年版，第 44 页。

图 4-3：周波：《对话与倾听：当代语境下传统手工艺的传承与发展》，《南京艺术学院学报（美术与设计）》2010 年第 6 期。

图 4-4：引自网络图片 http://www.360doc.com/content/18/0601/10/11400841_758698426.shtml。

图 4-5：吕品田：《必要的张力》，重庆大学出版社 2007 年版，第 14 页。

图 4-6：潘鲁生主编，孙明洁著：《北京玉雕 · 郭石林》，海天出版社 2017 年版，第 25 页。

图 4-8：潘鲁生主编，孙明洁著：《北京玉雕 · 郭石林》，海天出版社 2017 年版，第 54 页。

图 4-9：潘鲁生主编，孙明洁著：《北京玉雕 · 郭石林》，海天出版社 2017 年版，第 62 页。

其余未注明来源的图片为作者拍摄或绘制。

后 记

本书原是我的博士学位论文，在毕业四年之后终于鼓足勇气修改出版，虽仍有诸多不足之处，但能与诸学者们交流也算是一种欣慰。

首先由衷感谢我的恩师吕品田研究员。从论文百转千回的选题、修正提纲到写作的每一个阶段，都伴随着先生的指引、鼓励与鞭策。每一次与先生促膝长谈，我都会被先生缜密的思维、广阔的学术视野、高屋建瓴的学术高度、严谨的治学精神所深深震撼与折服，这些都成为指引我未来学术与人生道路的明灯。

其次，也由衷感谢在实地调研过程中，接受采访以及给予无私帮助的众多手工技艺传承人及其徒弟们，正是他们接受本人无数次的叨扰与采访才促就了本研究第一手资料的形成。特别是中国工艺美术大师李博生先生及其儿子李清元先生。本人长时间在其工作室考察与采访，每一次迎接我的都是盛情接待与倾囊相告。在此书出版之际，征求李博生大师照片版权时，他们也给予积极回应，让我既感激又温暖。

对于自己而言，在兼顾工作与学业，且论文跨入陌生专业领域的情况下，能坚持下来就是一种胜利，念念不忘最终有了些许回响，正应了恩师常说的一句话：“不要惜力！”同时，书稿中的浅陋认知也敬请专家学者们批评指正！

孙明洁

2024年5月25日